全国专业技术人员
计算机应用能力考试
系列教材

中文 **Windows XP**
操作系统

新大纲专用

全国专业技术人员计算机应用能力考试命题研究组 编著

机械工业出版社
CHINA MACHINE PRESS

本书严格遵循国家人力资源和社会保障部考试中心最新版《全国专业技术人员计算机应用能力考试〈中文 Windows XP 操作系统〉考试大纲》，汇集了编者多年来研究命题特点和解题规律的宝贵经验。本书共 7 章，包括 Windows XP 基础知识、Windows XP 的基本操作、Windows XP 的资源管理、Windows XP 系统设置与管理、网络设置与使用、Windows XP 附件及多媒体娱乐。在各章最后提供了与光盘配套的上机练习题及操作提示，供考生上机测试练习。

本书双色印刷，阅读体验好，易读易学，并提供免费的网上和电话专业客服。随书光盘模拟全真考试环境，收入 591 道精编习题和 10 套模拟试卷，全部题目均配有操作提示和答案视频演示，并可免费在线升级题库。

本书适用于参加全国专业技术人员计算机应用能力考试"中文 Windows XP 操作系统"科目的考生，也可作为计算机初学者的自学用书和各类院校、培训班的教材使用。

图书在版编目（CIP）数据

中文 Windows XP 操作系统：新大纲专用/全国专业技术人员计算机应用能力考试命题研究组编著. —北京：机械工业出版社，2012.1
全国专业技术人员计算机应用能力考试系列教材
ISBN 978-7-111-36171-8

Ⅰ. ①中… Ⅱ. ①全… Ⅲ. ①Windows 操作系统 – 资格考试 – 自学参考资料 Ⅳ. ①TP316.7

中国版本图书馆CIP数据核字（2011）第213690号

机械工业出版社（北京市百万庄大街22 号 邮政编码100037）
责任编辑：孙 业
责任印制：李 妍
北京振兴源印务有限公司印刷
2012 年 1 月第 1 版 · 第 1 次印刷
184mm×260mm · 13.25 印张 · 326 千字
0001—5000 册
标准书号：ISBN 978-7-111-36171-8
ISBN 978-7-89433-209-7（光盘）
定价：40.00 元（含 1CD）

前　　言

全国专业技术人员计算机应用能力考试是由国家人力资源和社会保障部在全国范围内面向非计算机专业人员推行的一项考试，考试全部采用实际上机操作的考核形式。考试成绩将作为评聘专业技术职务的条件之一。

由于非计算机专业的考生很难掌握考试重点、难点，加之缺乏上机考试的经验，学习和应试的压力很大，为了帮助广大考生提高应试能力，顺利通过考试，我们精心编写了本书。全书内容紧扣最新考试大纲，重点突出，是考生自学的理想用书。

1. 紧扣最新考试大纲

本书紧扣全国专业技术人员计算机应用能力考试 2010 年最新考试大纲进行编写，在全面覆盖考试大纲知识点的基础上突出重点、难点，帮助考生用最短的复习时间通过考试。

2. 配套上机练习题库

每章都配备上机练习题库，手把手教学，耐心细致地教读者进行下一步操作，并提供题库免费升级服务，帮助读者在不知不觉中学会解题，顺利通过考试。

3. 考点讲解清晰准确

本书详细介绍了最新大纲中每个考点的操作方法和操作步骤，叙述准确，通俗易懂。

4. 上机模拟考试

光盘中提供了 10 套上机模拟试题，模拟真实考试系统，避免会做题不会上机，上机就紧张的尴尬，提前熟悉考试环境，练习就像考试，考试就像练习，做到胸有成竹，临场不乱。

参加本书编写的人员有吕岩、张翰峰、李浩岩、王娜、张成、王超、杨梅、尹玲、张晓玲、李文华、王磊、吕超、荆凯、张影、张瑜。

由于时间和水平有限，书中难免有疏漏和不足之处，敬请广大读者和专家批评指正。

最后祝愿广大考生通过考试并取得好成绩！

全国专业技术人员计算机应用能力考试命题研究组

光盘的安装、注册及使用方法

本软件只能注册在一台计算机上，一旦注册将不能更换计算机（包括不能更换该计算机的任何硬件），注册前请仔细确认，并严格按照本说明进行操作。

一、安装注册

（1）用户只能在一台计算机上注册、使用本软件。在安装软件之前，用户需要调整计算机屏幕分辨率为 1024×768 像素，值得注意的是索尼笔记本用户不能使用本软件。

（2）将光盘放入光驱内，打开【我的电脑】，双击光驱所在盘符打开光盘，双击文件名为"软件安装－天宇考王"的红色图标，会自动弹出图1所示的界面。

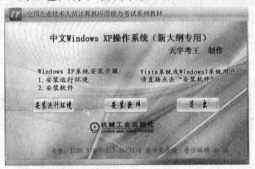

图1　主界面

（3）如果是 Windows XP 系统的用户，在开始安装软件前，要先单击【安装运行环境】按钮，再单击【安装软件】按钮；如果是 Vista 或 Windows 7 系统的用户可直接单击【安装软件】按钮，光盘会自动开始运行，打开【安装向导—中文 Windows XP 操作系统】对话框，如图2所示。

图2　欢迎界面

（4）根据提示单击【下一步】按钮直至安装结束，如图 3 所示；单击【完成】按钮，进入图 4 所示的提示界面。

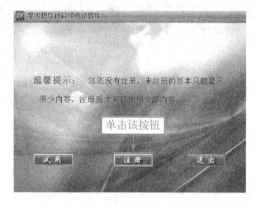

图 3　安装完成　　　　　　　　　　　图 4　选择需要的操作

（5）单击【注册】按钮打开【注册协议】界面，读者请仔细阅读《用户注册协议》，稍等几秒钟后会显示【接受】按钮，如图 5 所示；单击该按钮打开【注册】界面，如图 6 所示。

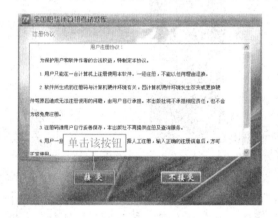

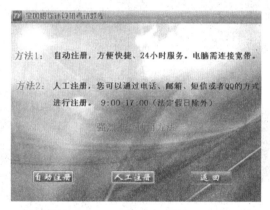

图 5　【注册协议】界面　　　　　　　图 6　【注册】界面

（6）联网的用户单击【自动注册】按钮，进入图 7 所示的界面，未联网的用户单击【人工注册】按钮进入如图 8 所示的界面。

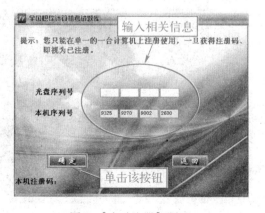

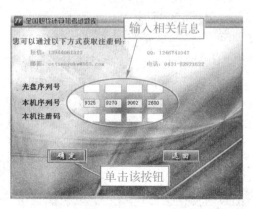

图 7　【自动注册】界面　　　　　　　图 8　【人工注册】界面

（7）自动注册的用户在相应界面输入相关信息，光盘序列号见盘袋正面的不干胶标签，单击【确定】按钮即可完成软件注册；人工注册的用户根据图 8 界面中提示的内容选择一种方式获取本机注册码，单击【确定】按钮即可完成注册。

成功注册后，系统会在桌面上自动生成名为"注册信息"的文本文件，内含光盘序列号和本机注册码，请读者妥善保存，以备重新注册本软件时使用（重新注册本软件只能选择"人工注册"方式）。

二、使用方法

1.【课程计划】模块

该模块位于光盘界面左上方，单击【课程计划】按钮可查看【课程介绍】，单击其中的任意节课，可在界面右侧预览课程目的、难度、内容、重点及学习建议，如图 9 所示。该模块帮助考生更好地学习和复习。

图 9 【课程计划】模块

2.【手把手教学】模块

该模块对提高考生的知识水平和应试能力有很大的帮助。该模块左侧的【章节列表】显示出每章节的题目及考点综合，单击章节任意题目在其右下方显示各章题目、题数；【章节列表】右侧显示各章知识点的类型题，单击任一类型题在其下方显示各章题目号及题目要求；单击下方【开始练习】按钮切换到所选题目界面，如图 10 所示。在该界面左侧为软件作者简介和网址，右侧为操作界面，如图 11 所示。下方各按钮说明如下：

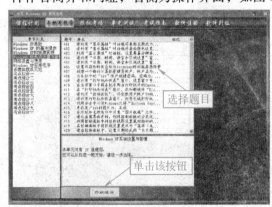

图 10 【手把手教学】界面

图 11 操作界面

- 【答案提示】：提示帮助信息，提示考生下一步操作。
- 【答案演示】：自动演示答案操作过程，单击其中【停止播放】按钮可停止自动演示。
- 【标记】：可以设置对已练习的题目进行标注。
- 【上一题】或【下一题】：切换到要练习的题目。
- 【重做】：重新操作本题。
- 【选题】：切换至题目列表界面，选择需要练习的题目。
- 【返回】：返回至章节列表进行其他章节或模块的操作。

3. 【模拟考场】模块

该模块模仿真实考场环境，单击【模拟考场】按钮显示说明界面，如图 12 所示。在该界面左侧显示【固定考试】和【随机考试】；右侧显示【考场说明】以及【操作提示】，单击其下方的【开始考试】按钮即可进入登录界面，如图 13 所示。输入座位号和身份证号，单击【登录】按钮稍等片刻便可进入模拟考场，如图 14 所示。

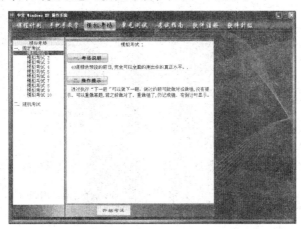

图 12 【模拟考场】界面

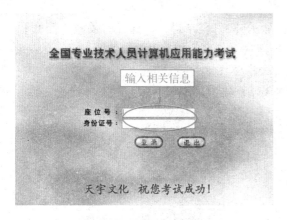

图 13 填写登录信息

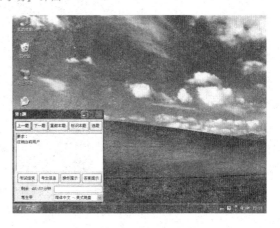

图 14 考试界面

在该界面的对话框中显示了一些操作信息，考生可根据实际情况选择需要的操作，完成考题后可单击【考试结束】按钮，系统会自动显示出考生的答题情况，帮助考生了解自己的考试水平，如图 15 所示。

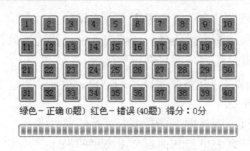

图 15　考试结果显示

4.【单元测试】模块

该模块左侧【单元列表】显示出每单元的题目及考点综合，右侧显示各单元知识点的类型题，单击任一类型题在其下方显示题目号及题目要求，如图 16 所示。单击下方【开始练习】按钮切换到所选题目操作界面，如图 17 所示。

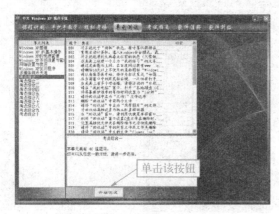

图 16　【单元测试】界面　　　　　　　　　　　　图 17　【单元测试】练习界面

5.【考试指南】模块

该模块介绍了考生应了解的考试常识，左侧显示【考试介绍】，包括【有关政策简介】、【考试指南】及【答题技巧】，单击任一选项在界面右侧可显示相关内容，如图 18 所示。

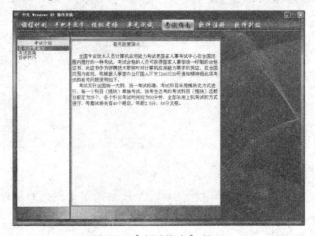

图 18　【考试指南】界面

6. 【软件注册】模块

该模块是注册界面，当用户在图4所示的界面中单击【试用】按钮，可试用本软件前几章的题。如果想正式注册，在该界面中单击【软件注册】按钮，具体方法在前面已作了详细介绍。

7. 【软件升级】模块

单击【软件升级】按钮后将弹出【软件升级】提示信息，用户可以单击【确定】按钮使用升级后的新版本，如图19所示。

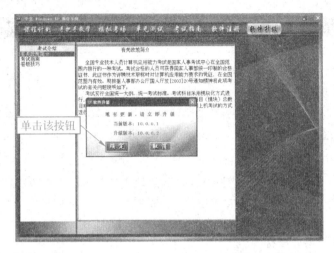

图19　升级提示

用户如果要关闭软件，可以单击窗口右上方的【关闭】按钮。

我们将及时、准确地为您解答有关光盘安装、注册、使用操作、升级等方面遇到的所有问题。客服热线：0431 – 82921622，QQ：1246741047，短信：13944061323，电子邮箱：cctianyukw@ 163. com，读者交流 QQ 群：186765239，客服时间：9：00 – 17：00。

目　　录

前言

光盘的安装、注册及使用方法

第 1 章　Windows XP 基础知识 1

1.1　**键盘和鼠标的使用** 1

1.1.1　键盘的使用 1

1.1.2　鼠标的基本操作 1

1.2　**Windows XP 的启动、退出等操作** 2

1.2.1　启动 Windows XP 2

1.2.2　退出 Windows XP 3

1.2.3　注销与切换 Windows XP 用户 3

1.2.4　进入安全模式 4

1.3　**Windows XP 桌面** 4

1.3.1　认识桌面图标 4

1.3.2　桌面图标的基本操作 5

1.3.3　认识任务栏 7

1.4　**使用输入法** 7

1.4.1　切换输入法 8

1.4.2　使用软键盘 8

1.5　**Windows XP 帮助系统的使用** 10

1.5.1　认识帮助和支持中心 10

1.5.2　获取帮助信息 11

1.5.3　在对话框中使用帮助信息 13

1.6　**上机练习** 14

第 2 章　Windows XP 的基本操作 18

2.1　**窗口的组成与操作** 18

2.1.1　窗口的组成 18

2.1.2　窗口的操作 20

2.2　**菜单的组成与操作** 23

2.2.1　菜单的组成 23

2.2.2　菜单的操作 24

2.3　**设置与使用工具栏** 25

2.4　**对话框的组成与操作** 27

2.4.1　对话框的组成与基本操作 27

2.4.2　确认、提醒或警告对话框 ……………………………… 30
2.5　设置与使用任务栏 …………………………………………… 30
2.5.1　移动和改变任务栏大小 ………………………………… 30
2.5.2　隐藏任务栏与锁定任务栏 ……………………………… 31
2.5.3　任务栏中的工具栏设置 ………………………………… 31
2.5.4　任务栏应用程序图标区域的操作 ……………………… 32
2.6　设置和使用【开始】菜单 …………………………………… 33
2.6.1　设置【开始】菜单 ……………………………………… 33
2.6.2　【开始】菜单的使用 …………………………………… 34
2.7　上机练习 ……………………………………………………… 36

第 3 章　Windows XP 的资源管理　41

3.1　文件和文件夹 ………………………………………………… 41
3.1.1　文件和文件夹的基本概念 ……………………………… 41
3.1.2　文件和文件夹图标 ……………………………………… 42
3.1.3　文件的类型 ……………………………………………… 42
3.2　【资源管理器】与【我的电脑】 …………………………… 42
3.2.1　认识【资源管理器】 …………………………………… 42
3.2.2　认识【我的电脑】 ……………………………………… 46
3.3　文件及文件夹管理 …………………………………………… 47
3.3.1　浏览文件和文件夹 ……………………………………… 47
3.3.2　选择文件和文件夹 ……………………………………… 47
3.3.3　创建文件夹 ……………………………………………… 49
3.3.4　移动或复制文件或文件夹 ……………………………… 49
3.3.5　文件和文件夹的重命名 ………………………………… 52
3.3.6　删除文件和文件夹 ……………………………………… 52
3.3.7　文件和文件夹的搜索 …………………………………… 54
3.3.8　打开文件和文件夹 ……………………………………… 56
3.3.9　文件和文件夹属性的设置 ……………………………… 59
3.3.10　文件夹选项的设置 …………………………………… 61
3.4　回收站 ………………………………………………………… 63
3.4.1　认识回收站 ……………………………………………… 63
3.4.2　查看回收站中的文件 …………………………………… 63
3.4.3　还原被删除的文件或文件夹 …………………………… 64
3.4.4　回收站中对象的删除与清空 …………………………… 65
3.4.5　回收站属性的设置 ……………………………………… 65
3.5　安装、使用和卸载应用程序 ………………………………… 66
3.5.1　安装新应用程序 ………………………………………… 66
3.5.2　使用应用程序 …………………………………………… 67
3.5.3　卸载应用程序 …………………………………………… 68

3.5.4 在桌面上创建快捷方式 ………………………… 70

3.5.5 任务管理器 ………………………… 71

3.6 **磁盘管理** ………………………… 72

3.6.1 格式化磁盘 ………………………… 72

3.6.2 查看和检测磁盘状态 ………………………… 74

3.6.3 清理磁盘和碎片整理 ………………………… 75

3.6.4 备份与系统还原 ………………………… 77

3.7 **上机练习** ………………………… 80

第 4 章 Windows XP 系统设置与管理 87

4.1 **【控制面板】的启动及样式** ………………………… 87

4.1.1 启动【控制面板】 ………………………… 88

4.1.2 【控制面板】的两种样式 ………………………… 89

4.2 **设置 Windows XP 桌面** ………………………… 90

4.2.1 设置桌面主题 ………………………… 90

4.2.2 设置桌面背景 ………………………… 92

4.2.3 设置屏幕保护程序 ………………………… 93

4.2.4 设置屏幕分辨率、颜色质量和刷新频率 ………………………… 94

4.3 **时间、日期、语言和区域的设置** ………………………… 95

4.3.1 时间和日期的设置 ………………………… 95

4.3.2 语言和区域的设置 ………………………… 96

4.4 **打印机和其他硬件的设置** ………………………… 97

4.4.1 连接打印机 ………………………… 97

4.4.2 安装打印机驱动 ………………………… 98

4.4.3 设置打印机首选项 ………………………… 99

4.4.4 鼠标的设置 ………………………… 99

4.5 **字体设置** ………………………… 102

4.5.1 字体的安装 ………………………… 102

4.5.2 字体的删除 ………………………… 103

4.6 **账户的添加及管理** ………………………… 103

4.6.1 添加新账户 ………………………… 104

4.6.2 设置用户账户 ………………………… 105

4.6.3 删除用户账户 ………………………… 106

4.6.4 多用户的登录、注销和切换 ………………………… 108

4.6.5 本地安全策略的设置 ………………………… 109

4.7 **上机练习** ………………………… 112

第 5 章 网络设置与使用 118

5.1 **设置本地连接** ………………………… 118

5.2 **家庭或小型办公网络** ………………………… 120

5. 2. 1　家庭或小型办公网络概述 ················· 120
5. 2. 2　创建家庭或小型办公网络 ················· 120
5. 3　网络资源 ······································· 124
5. 3. 1　通过网上邻居浏览网络资源 ·············· 124
5. 3. 2　映射网络资源 ························· 125
5. 3. 3　创建网络资源的快捷方式 ··············· 125
5. 4　Internet 的连接 ······························ 129
5. 5　Internet Explorer 的设置 ····················· 132
5. 5. 1　Internet Explorer 的窗口 ············· 132
5. 5. 2　Internet Explorer 的使用 ············· 133
5. 5. 3　自定义 Internet Explorer ············· 135
5. 6　设置 Windows 安全中心 ······················ 139
5. 6. 1　Windows 防火墙的设置 ··············· 139
5. 6. 2　Windows 系统的自动更新 ············· 141
5. 7　上机练习 ····································· 142

第 6 章　Windows XP 附件　149

6. 1　计算器的使用 ································· 149
6. 1. 1　标准型计算器的使用 ················· 149
6. 1. 2　科学型计算器的使用 ················· 149
6. 2　记事本的使用 ································· 150
6. 3　写字板的使用 ································· 152
6. 3. 1　认识写字板 ························· 152
6. 3. 2　新建文档 ························· 153
6. 3. 3　字体及段落格式 ··················· 153
6. 3. 4　编辑文档 ························· 155
6. 3. 5　插入菜单 ························· 156
6. 4　画图的使用 ··································· 157
6. 4. 1　界面的构成 ························· 157
6. 4. 2　页面设置 ························· 157
6. 4. 3　认识工具箱 ························· 158
6. 4. 4　绘制图形 ························· 158
6. 4. 5　高级绘图技术 ····················· 161
6. 5　通讯簿的使用 ································· 162
6. 5. 1　添加联系人 ························· 162
6. 5. 2　查看联系人信息 ··················· 164
6. 5. 3　使用【通讯簿】选择收件人 ············· 166
6. 5. 4　创建联系人组 ····················· 167
6. 6　辅助工具的使用 ······························· 168
6. 6. 1　放大镜 ························· 168

6.6.2　使用屏幕键盘 ……………………………………………… 170

6.7　剪贴板的使用 ………………………………………………… 171

6.7.1　打开剪贴簿查看器 ………………………………………… 171

6.7.2　保存与删除剪贴板内容 …………………………………… 172

6.8　上机练习 ……………………………………………………… 173

第7章　多媒体娱乐 ………………………………………………… 179

7.1　Windows Media Player 的使用 ……………………………… 179

7.1.1　用 Windows Media Player 播放音乐 …………………… 179

7.1.2　管理音乐文件 ……………………………………………… 180

7.1.3　创建和使用播放列表 ……………………………………… 181

7.1.4　使用 Windows Media Player 播放影片 ………………… 181

7.2　影像处理软件 Windows Movie Maker 的使用 …………… 182

7.2.1　影视制作基本操作界面 …………………………………… 182

7.2.2　导入现有数字媒体文件 …………………………………… 183

7.2.3　不同视频文件格式的创建方式 …………………………… 184

7.2.4　编辑项目 …………………………………………………… 184

7.2.5　在项目中添加与删除剪辑 ………………………………… 184

7.2.6　放大和缩小 ………………………………………………… 185

7.2.7　视频过渡、视频效果和片头 ……………………………… 185

7.3　录制声音 ……………………………………………………… 189

7.3.1　用【录音机】录制声音 …………………………………… 190

7.3.2　编辑录制的声音 …………………………………………… 190

7.4　上机练习 ……………………………………………………… 192

第1章 Windows XP基础知识

Windows XP 是 Microsoft 公司于 2001 推出的操作系统，它是继 Windows 95 以来操作系统的又一次跨越。作为升级产品，Windows XP 不仅继承了以前版本的诸多特性，还带来了更加人性化和智能化的界面和功能，以及当今最受瞩目的数字媒体方案平台和融合技术的基础平台。

1.1 键盘和鼠标的使用

熟练掌握键盘和鼠标的使用，是学好 Windows XP 系统的前提和基础。鼠标的使用习惯分左手和右手，本书约定鼠标使用为右手习惯。

1.1.1 键盘的使用

利用键盘可完成中文 Windows XP 提供的所有操作功能。

在多窗口操作中，可以按〈Tab〉键或〈Shift + Tab〉键在不同的窗口、对话框选项及按钮之间进行切换。

当文档窗口或对话框中出现闪烁的插入点标记时，直接敲键盘就可输入文字。快捷方式下，同时按〈Alt〉键和指定字母，可以启动相应的程序或文件。在菜单操作中，可以通过键盘上的〈↑〉、〈↓〉、〈←〉、〈→〉键来选择菜单选项，按〈Enter〉键执行相应选项。

1.1.2 鼠标的基本操作

1. 鼠标的几种使用方法

使用鼠标主要有 3 种方法，分别为"单击鼠标右键"、"单击鼠标左键"和"双击鼠标左键"。

通常情况下，我们习惯于将右手食指置于鼠标左键上、中指置于鼠标右键上、大拇指顶住鼠标左侧、无名指顶住鼠标右侧、小拇指自然放在鼠标垫上。"单击鼠标右键"即为用中指点按鼠标的右键一次；"单击鼠标左键"即为用食指点按鼠标的左键一次；"双击鼠标左键"即为用食指连续点按鼠标左键两次。

2. 鼠标光标的几种形状

在 Windows XP 中，鼠标光标的形状会随着执行操作的不同而改变，具体见表1-1。

表 1-1　鼠标光标的形状

光 标 形 状	含　义	光 标 形 状	含　义
I	文字选择	↕	调整垂直大小
↖	标准选择	↔	调整水平大小
↖?	帮助选择	↘	对角线调整 1
↖⧗	后台选择	↗	对角线调整 2
⧗	正在工作	✛	移动

1.2　Windows XP 的启动、退出等操作

下面将对 Windows XP 的启动、退出等操作进行讲解。

1.2.1　启动 Windows XP

如果计算机中已安装 Windows XP 操作系统，只需打开计算机电源，即可自动启动。启动成功后屏幕上将显示 Windows XP 的用户登录界面，如图 1-1 所示。

如果是初次进入 Windows XP 操作系统，桌面右下角仅有一个【回收站】图标，如图 1-2 所示。

图 1-1　用户登录界面

图1-2 Windows XP 界面

1.2.2 退出 Windows XP

退出 Windows XP 的操作是：单击【开始】菜单，在【开始】菜单中单击【关闭计算机】命令，然后在弹出的【关闭计算机】对话框中选择【待机】、【关闭】或【重新启动】命令，如图1-3所示。

图1-3 退出 Windows XP

- 待机：系统将保持当前的运行，计算机将转入低功耗状态，此项操作通常在用户暂时不使用计算机，而又不希望其他人在自己的计算机上进行任意操作时使用。当用户再次使用计算机时，可迅速恢复到之前的工作状态。
- 关闭：系统将停止运行，保存设置并安全退出，且会自动关闭主机电源。
- 重新启动：将重新启动计算机。

1.2.3 注销与切换 Windows XP 用户

Windows XP 操作系统使多个用户共享一台计算机变得比以前更加容易。每个使用该计算机的用户都可以通过个性化设置和为私人文件创建独立的密码保护账户。

单击【开始】菜单，在弹出的菜单中选择【注销】命令，打开【注销 Windows】对话框，在该对话框中可选择【切换用户】命令或【注销】命令，如图1-4所示。

图 1-4　【注销 Windows】对话框

- 切换用户：在不关闭当前登录用户的情况下而切换到另一个用户，用户可以不关闭正在运行的程序，当再次返回时系统会保留原来的状态。
- 注销：保存设置并关闭当前登录的用户，其他用户不必重新启动计算机就可以实现用户登录和使用。

1.2.4　进入安全模式

安全模式是 Windows 操作系统中的一种特殊模式，在该模式下用户可以轻松地修复系统的一些错误，起到事半功倍的效果。安全模式的工作原理是在不加载第三方设备驱动程序的情况下启动计算机，使计算机运行在系统最小模式下，这样用户就可以方便地检测与修复计算机系统的错误。要进入安全模式，具体操作如下：

首先，计算机刚启动，屏幕还是黑屏时，按〈F8〉键进入模式选择界面，然后用键盘上的〈↑〉、〈↓〉键选择【安全模式】选项，最后按〈Enter〉键，进入安全模式。

1.3　Windows XP 桌面

系统启动完成后，呈现出的整个屏幕称为 Windows XP 桌面，它由桌面区域和任务栏两部分组成，如图1-5所示。

1.3.1　认识桌面图标

右键单击桌面的某图标，在弹出的快捷菜单中选择【属性】命令，可以查看该图标链接对象的具体内容。双击桌面上的某个图标可方便、快捷地打开计算机中存储的文件或应用

图1-5　Windows XP 桌面

程序，桌面图标一般有系统桌面图标和快捷方式桌面图标两种。

1. 系统桌面图标

- 【我的文档】 ：计算机默认的存取文档的桌面文件夹，可用于存储系统自带的图片、视频和文件夹，或用户自行创建的文档。
- 【我的电脑】 ：主要对计算机资源进行管理，用户的所有资料都可以在【我的电脑】中找到。
- 【网上邻居】 ：当本机连接到网络时，通过它可以访问网上的其他计算机，实现信息和资源共享。一个局域网是由许多台计算机相互连接而组成的，在这个局域网中每台计算机与其他任意一台联网的计算机之间都可以成为"网上邻居"。通过双击该图标展开的窗口，用户可以查看工作组中的计算机、查看网络位置及添加网络位置等。
- 【回收站】 ：用于暂时存放被用户删除的各种文件，可随时根据需要将这些对象彻底删除或还原。
- 【Internet Explorer】 ：用来打开 IE 浏览器，用户可以通过该浏览器来浏览因特网上的信息。

2. 快捷方式桌面图标

在桌面图标中有一些是用户自定义的快捷方式，用户可以根据自己的需要在桌面上建立应用程序的快捷方式、文件等图标。其中自定义的快捷方式图标的左下角有一个小箭头标识，被称为快捷方式桌面图标。

1.3.2　桌面图标的基本操作

桌面图标的基本操作包括：移动图标、显示或隐藏图标、重命名图标、排列图标、创建和删除图标等。

1. 移动图标

在图标上按住鼠标左键拖动到所需的位置，然后释放鼠标左键，即可将桌面图标移动到所需的位置。

2. 显示或隐藏图标

右键单击桌面空白处，在弹出的快捷菜单中选择【排列图标】→【显示桌面图标】命令。当【显示桌面图标】命令左侧有符号"√"时，则显示桌面图标，否则将隐藏桌面图标，如图1-6所示。

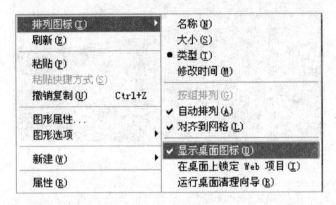

图1-6　显示或隐藏图标

3. 排列图标

右键单击桌面空白处，在弹出的快捷菜单中选择【排列图标】命令，选择级联菜单中的不同命令可以实现不同的排列目的，如图1-6所示。

该菜单专门用来管理桌面图标，它包括【名称】、【大小】、【类型】、【修改时间】、【自动排列】及【对齐到网络】等命令。桌面图标将按选定项目所规定的方式排列图标，单选符号"●"将自动出现在相应排列方式的左侧；如果选择【自动排列】命令，【自动排列】左侧将出现符号"√"。如果再进行桌面图标移动时，图标就会自动返回图标队列中排列整齐。

4. 重命名图标

重命名图标的具体操作如下：

方法1

右键单击某图标，在弹出的快捷菜单中选择【重命名】命令，如图1-7所示，此时图标名称变成蓝底白字，并且出现闪烁的文本编辑光标，输入新的名称后，按〈Enter〉键即可。

方法2

先单击桌面上的某图标，使其反白显示，再单击此图标名称变为蓝底白字，并出现闪烁的文本编辑光标，在光标处输入新的名称，按〈Enter〉键即可。

5. 删除桌面图标

删除桌面图标的具体操作如下：

方法1

选中要删除的图标，按〈Delete〉键或右键单击图标，在弹出的快捷菜单中选择【删除】命令，在打开的【确认文件删除】

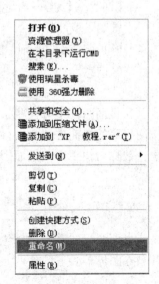

图1-7　【重命名】命令

对话框中单击【是】按钮即可删除该图标，如图1-8所示。

图1-8　【确认文件删除】对话框

方法2

直接将要删除的图标拖动到桌面【回收站】图标中即可删除。

1.3.3　认识任务栏

【任务栏】位于桌面下方，它显示了系统正在运行的程序和打开的窗口、当前时间等内容，用户通过任务栏可以完成许多操作，也可以对它进行一系列的设置。

每打开一个窗口时，代表该窗口的按钮就会出现在任务栏上。关闭该窗口后，该按钮即消失。当按钮太多而堆积时，Windows XP通过合并按钮使任务栏保持整洁。例如，表示独立的多个Word文档窗口的按钮将自动组合成一个Word文档窗口按钮。单击该按钮可以从组合的菜单中选择所需的Word文档窗口。

- 【开始】菜单：是运行应用程序的入口，提供对常用程序和公用系统区域的快速访问。
- 快速启动工具栏：由一些小型的按钮组成，单击其中的按钮可以快速启动相应的应用程序，一般情况下，它包括网上浏览工具Internet Explorer图标、收发电子邮件的程序Outlook Express图标和显示桌面图标等。
- 窗口按钮栏：当用户启动应用程序而打开一个窗口时，在任务栏上会出现相应的有立体感的按钮。
- 语言栏：通过语言栏选择所需的输入法，单击任务栏上的语言图标"**EN**"或键盘图标"⌨"，将显示一个菜单。在弹出的菜单中可对输入法进行选择。语言栏可以最小化以按钮的形式在任务栏显示，也可以独立于任务栏之外。
- 通知区域：提供了一种简便的方式来访问和控制程序。右键单击通知区域的图标时，将出现该通知区域对应图标的菜单。该菜单为用户提供了特定程序的快捷方式。

1.4　使用输入法

安装Windows XP中文版时，系统会自动安装微软拼音、全拼、智能ABC、双拼等中文输入法，用户在使用时可以进行相互切换，也可自己安装其他的输入法。

1.4.1　切换输入法

1.　中、英文输入法的切换

切换中、英文输入法可以通过语言栏或键盘来实现，可以选择下列操作之一：

- 通过语言栏切换：单击语言栏，弹出当前系统中的输入法菜单，如图1-9所示。选择所要使用的输入法，即可启动使用，例如：选择【智能ABC输入法5.0版】将打开输入法工具栏，如图1-10所示。

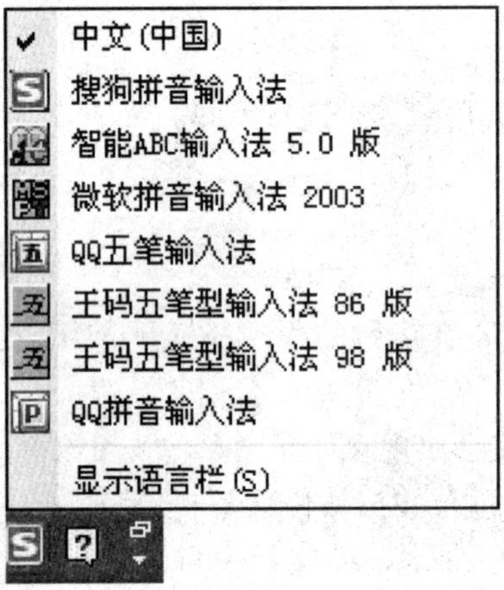

图 1-9　输入法菜单 　　　　　　　　　　图 1-10　输入法工具栏

- 通过键盘切换：利用〈Ctrl + Shift〉组合键可以在各种输入法之间进行循环切换，利用〈Ctrl + Space〉组合键，可以实现中、英文输入法的快速切换。

2．认识并使用中文输入法状态条

- 中、英文切换图标：单击中、英文切换图标，当图标显示为 **图**，表示处于中文输入状态；当图标为 **A** 时，表示处于英文输入状态。
- 输入方式切换图标：用于切换汉字输入方式，智能ABC输入法中包括 **标准** 和 **双打** 两种输入方式。
- 全/半角切换图标：其中有全角 **●** 图标和半角 **☽** 图标两种。在全角输入方式下，输入的字符、字母和数字均占一个汉字的宽度（两个字符），在半角输入方式下，输入的字符、字母和数字只占半个汉字的宽度（一个字符）。
- 中、英文标点符号切换图标：用来切换中、英文标点符号输入状态。其中，当该图标显示为 **＂** 时，可输入中文标点符号，即全角符号；当该图标显示为 **．** 时，可输入英文标点符号，即半角符号。

1.4.2　使用软键盘

软键盘可以实现数学符号、希腊字母、标点符号的直接输入等。下面以【智能ABC输入法】为例来介绍。

右键单击工具栏的▦图标按钮，弹出快捷菜单，如图 1-11 所示。

✔ **PC键盘**	标点符号
希腊字母	数字序号
俄文字母	数学符号
注音符号	单位符号
拼　音	制表符
日文平假名	特殊符号
日文片假名	

图 1-11　软键盘快捷菜单

如单击【俄文字母】，打开【俄文字母】软键盘，如图 1-12 所示。直接按键盘上对应的键或单击软键盘上的键即可输入相应内容。输入内容后直接单击输入法工具栏的▦图标按钮即可取消软键盘。

图 1-12　【俄文字母】软键盘

【标点符号】、【数学符号】和【特殊符号】软键盘也会经常用到，如图 1-13 ~ 图 1-15 所示。

图 1-13　【标点符号】软键盘

图 1-14　【数学符号】软键盘

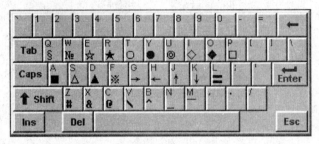

图 1-15　【特殊符号】软键盘

1.5　Windows XP 帮助系统的使用

熟悉使用 Windows XP 帮助系统，可为用户及时查找解决问题提供许多帮助。

1.5.1　认识帮助和支持中心

单击【开始】菜单→【帮助和支持】命令，打开【帮助和支持中心】窗口，如图 1-16 所示。

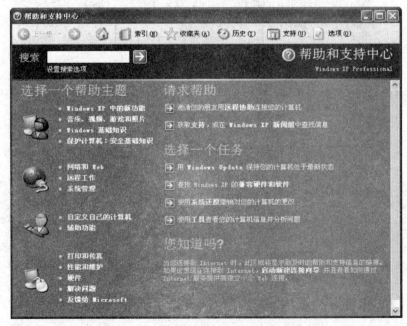

图 1-16　【帮助和支持中心】窗口

【帮助和支持中心】窗口为用户提供了帮助主题、疑难解答支持服务，该窗口由浏览栏、搜索行和工作区三部分组成。

1.5.2 获取帮助信息

（1）打开【帮助和支持中心】窗口，可以选择下列操作之一：

- 通过窗口菜单打开：在某窗口中单击【帮助】菜单→【帮助和支持中心】命令，打开【帮助和支持中心】窗口。
- 通过【开始】菜单打开：单击【开始】菜单→【帮助和支持】命令，打开【帮助和支持中心】窗口。

（2）获取帮助信息，可以选择下列操作之一：

- 利用【目录】获取帮助信息：在【选择一个帮助主题】选项组中选取相关选项，直接单击其中的超链接，还可以逐步打开相应的帮助窗口。直到窗口右侧的显示区域显示需要的具体内容为止。
- 利用【索引】获取帮助信息：单击【帮助和支持中心】窗口工具栏中的【索引】按钮，在【键入要查找的关键字】文本框中输入关键字。例如：输入"计划任务"，单击【显示】按钮，如图1-17所示。

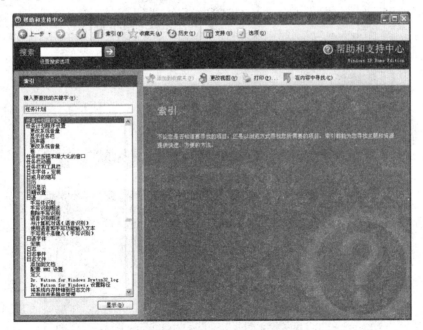

图1-17 通过【索引】查找

打开【已找到的主题】对话框，在该对话框中双击要显示的主题【计划新任务】，如图1-18所示，此时右侧窗口就会出现相关的帮助信息，如图1-19所示。

- 利用【搜索】获取帮助信息：打开【帮助和支持中心】窗口，在上方的【搜索】文本框中输入要获取的帮助信息的关键字，如图1-20所示。如"文件"，然后单击→按钮，出现搜索结果，如图1-21所示。

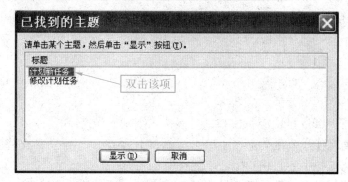

图1-18 【已找到的主题】对话框

图1-19 找到帮助信息

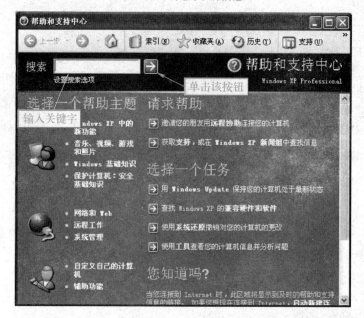

图1-20 输入关键字

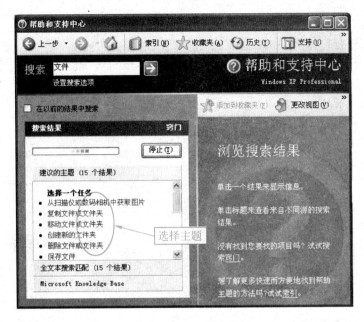

图 1-21　利用【搜索】获取帮助信息

在【建议的主题】列表中单击【文件】主题，帮助信息将出现在窗口的右侧。

1.5.3　在对话框中使用帮助信息

下面以【日期和时间 属性】对话框为例来获取帮助信息，具体操作步骤如下：

步骤1　双击任务栏右下角的通知区的时间显示区域，打开【日期和时间 属性】对话框。

步骤2　右键单击需要获取的帮助项目，系统将自动出现【这是什么？】按钮，如图 1-22 所示。单击【这是什么？】按钮，即可显示相关的帮助信息。

图 1-22　出现【这是什么？】按钮

1.6　上机练习

1. 重新启动计算机。

2. 注销当前用户。

3. 切换用户。

4. 正常关闭 Windows 操作系统。

5. 某工作人员的计算机已经连接到网络，请以带网络连接的安全模式重新启动计算机，然后用【开始】菜单启动控制面板。

6. 打开【帮助和支持】并利用索引查找"文件"的帮助。

7. 在【开始】菜单中打开【帮助和支持中心】，利用"搜索"的方法取得关于 Windows XP"打印文档"方面的帮助信息。

8. 利用【索引】查找关于"计划任务"的帮助信息，并打开"如何计划任务"的帮助信息。

9. 在窗口中打开【帮助和支持中心】，利用"索引"的方法取得关于"集线器"定义方面的帮助信息。

10. 桌面上有【显示属性】对话框，请利用快捷菜单获得"窗口和按钮"的帮助信息。

11. 利用【窗口】菜单打开【帮助支持中心】，利用"选择一个帮助主题"的方法取得关于"系统还原概述"方面的帮助信息。

12. 请设置计算机启动时的默认输入法为智能 ABC。

13. 从语言栏处改变输入法为微软拼音输入法。

14. 将当前智能输入法改为全角、中文标点符号方式。

15. 设置全拼输入法为词语联想。

16. 请在当前工作环境下不经注销而切换到 TY 用户。

17. 重命名桌面图标【Internet Explorer】为"浏览器"。

18. 首先利用快捷菜单将桌面上的图标【自动排列】，然后再移动桌面上【我的文档】图标到桌面图标最后位置。

19. 在【我的电脑】窗口中，首先将图标按"名称"进行排列，然后再以"列表"形式进行查看。

20. 显示被隐藏的桌面图标，并删除显示出来的"天宇 . txt"文件。

21. 打开【自定义工具栏】对话框，并在对话框上查看"重置"的帮助信息。

22. 桌面上有打开的【写字板】窗口，请在窗口中利用软键盘输入"日文平假名"命令，并将软键盘关闭。

23. 在对话框中查找关于【确定】和【应用】命令按钮的帮助信息。

24. 在【开始】菜单的【所有程序】中删除写字板快捷方式。

25. 在【开始】菜单的【帮助和支持中心】中利用一个主题查找"使用屏幕保护程序密码来帮助保护您的文件"的帮助信息。

上机操作提示（具体操作详见随书光盘中【手把手教学】第 1 章 01～25 题）

1.　　　单击【开始】菜单→【关闭计算机】命令，打开【关闭 Windows】对话框。
　　　单击【重新启动】按钮。

2.　　　单击【开始】菜单→【注销】命令，打开【注销 Windows】对话框。
　　　单击【注销】按钮。

3.　　　单击【开始】菜单→【注销】命令，打开【注销 Windows】对话框。
　　　单击【切换用户】按钮。

4.　　　单击【开始】菜单→【关闭计算机】命令，打开【关闭 Windows】对话框。
　　　单击【关闭】按钮。

5.　　　单击【开始】菜单→【关闭计算机】命令，打开【关闭 Windows】对话框。
　　　单击【希望计算机做什么】下拉框，选择下拉列表中的【重新启动】。
　　　单击【确定】按钮，按〈F8〉键。
　　　按〈向下〉键，选择【带网络连接的安全模式】。
　　　按〈Enter〉键，单击【开始】菜单→【控制面板】命令。

6.　　　单击【开始】菜单→【帮助和支持】命令，打开【帮助和支持中心】窗口。
　　　单击【工具栏】上的【索引】按钮。
　　　在【键入要查找的关键字】文本框中输入"文件"。

7.　　　单击【开始】菜单→【帮助和支持】命令，打开【帮助和支持中心】窗口。
　　　在【搜索】文本框中输入"打印文档"。
　　　单击【搜索】按钮，单击【打印文档】。

8.　　　单击【开始】菜单→【帮助和支持】命令，打开【帮助和支持中心】窗口。
　　　单击【工具栏】上的【索引】按钮。
　　　在【键入要查找的关键字】文本框中输入"计划任务"。
　　　单击【如何计划任务】按钮。
　　　依次单击【显示】按钮。

9.　　　单击【帮助】菜单→【帮助和支持中心】命令。
　　　单击【工具栏】上的【索引】按钮。
　　　在【键入要查找的关键字】文本框中输入"集线器"。
　　　单击【集线器】下的【定义】。
　　　单击【显示】按钮。

10.　　　单击【外观】选项卡。
　　　在【窗口和按钮】下拉列表框上单击鼠标右键，在弹出的快捷菜单中，选择
【这是什么】命令。

11.　　　单击【帮助】菜单→【帮助和支持中心】命令。
　　　单击【Windows XP 中的新功能】。
　　　单击【Windows 组件】。
　　　单击【系统工具】，向下拖动滚动条。

（步骤4） 单击【系统还原概述】。

12. （步骤1） 在【语言栏】上单击鼠标右键，在弹出的快捷菜单中，选择【设置】命令。

（步骤2） 单击【默认输入语言】下拉式列表框，选择【中文（中国）－中文（简体）－智能 ABC】。

（步骤3） 单击【确定】按钮。

13. （步骤1） 单击【语言栏】。

（步骤2） 单击【中文（简体）－微软拼音输入法 3.0 版】。

14. （步骤1） 单击【全角/半角切换】按钮。

（步骤2） 单击【中/英文标点切换】按钮。

15. （步骤1） 在【语言栏】上单击鼠标右键，在弹出的快捷菜单中，选择【设置】命令。

（步骤2） 单击【已安装的服务】列表框中的【中文（简体）－全拼】。

（步骤3） 单击【属性】按钮，选中【词语联想】复选框。

（步骤4） 依次单击【确定】按钮。

16. （步骤1） 右键单击任务栏，在弹出的快捷菜单中选择【任务管理器】，打开【Windows 任务管理器】对话框。

（步骤2） 单击【关机】菜单→【切换用户】命令，打开【要开始，请单击您的用户名】界面，单击【TY】图标。

17. （步骤1） 选中桌面上的【Internet Explorer】图标，右键单击【Internet Explorer】图标，在弹出的快捷菜单中选择【重命名】命令。

（步骤2） 在编辑框内输入"浏览器"，单击桌面空白处或按〈Enter〉键。

18. （步骤1） 右键单击桌面空白处，在弹出的快捷菜单中单击【排列图标】→【自动排列】命令。

（步骤2） 在【我的文档】图标上按住鼠标左键，拖曳到【Internet Explorer】图标下面，释放鼠标。

19. （步骤1） 双击桌面上的【我的电脑】图标，打开【我的电脑】窗口。

（步骤2） 单击【查看】菜单→【排列图标】→【名称】命令。

（步骤3） 单击【常用】工具栏中的【查看】按钮，在弹出的列表中单击【列表】命令。

20. （步骤1） 右键单击桌面空白处，在弹出的快捷菜单中单击【排列图标】→【显示桌面图标】命令。

（步骤2） 右键单击【天宇.txt】文件，在弹出的快捷菜单中单击【删除】命令或拖曳【天宇.txt】文件到【回收站】中。

21. （步骤1） 双击桌面上【我的电脑】图标，右键单击【工具栏】，在弹出的快捷菜单中选择【自定义】，打开【自定义工具栏】对话框。

（步骤2） 右键单击【重置】按钮，在弹出的菜单中单击【这是什么?】按钮。

22. （步骤1） 右键单击【智能 ABC】的【软键盘】，在弹出的快捷菜单中选择【日文平假名】。

（操作） 单击【软键盘】中的【ゎ】键，单击【软键盘】中的【を】键。

（操作） 单击【智能 ABC】的【软键盘】。

23. （操作） 单击【帮助】按钮，单击【确定】按钮。

（操作） 单击【帮助】按钮，单击【应用】按钮。

24. （操作） 单击【开始】菜单→【所有程序】→【附件】命令，弹出级联菜单。

（操作） 右键单击【写字板】，在弹出的快捷菜单中单击【删除】命令，打开【确认文件删除】对话框。

（操作） 单击【是】按钮。

25. （操作） 单击【开始】菜单→【帮助和支持（H）】命令，打开【帮助和支持中心】窗口。

（操作） 单击【选择一个帮助主题】下的【Windows 基础知识】，单击【Windows 基础知识】下的【保护计算机】，单击右窗格中【保护计算机】下的【使用屏幕保护程序密码来帮助保护您的文件】。

第2章 Windows XP的基本操作

Windows XP的基本操作包括窗口、菜单和对话框的操作以及任务栏、【开始】菜单和工具栏的设置与使用。

2.1 窗口的组成与操作

Windows XP窗口有应用程序和文件夹窗口，当同时打开多个窗口时，默认情况下，当前操作窗口的标题栏呈深蓝色，为活动窗口；其他窗口的标题栏呈浅蓝色，为非活动窗口。

2.1.1 窗口的组成

Windows XP窗口，主要由标题栏、菜单栏、工具栏、状态栏、工作区和任务窗格等部分组成，如图2-1所示。

图2-1　Windows XP窗口

1. 标题栏

在窗口顶部包含窗口名称的水平栏。标题栏左侧是控制菜单，用于移动窗口和调整窗口大小，并可执行关闭窗口的操作。在控制菜单上边是标题，用于显示当前窗口的名称。标题栏右边有3个按钮，分别是最小化█、最大化█和关闭按钮✕。

2. 控制菜单按钮

标题栏最左侧的图标就是控制菜单按钮，单击控制菜单按钮，可以打开控制菜单，如图2-2所示。利用窗口控制菜单的各项，可以实现窗口的移动、大小、最小化、最大化和关闭等操作。

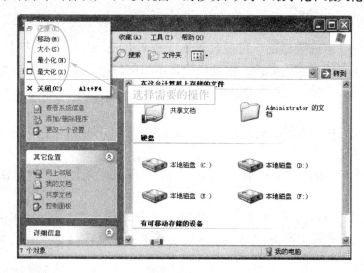

图2-2 窗口的控制菜单

3. 菜单栏

菜单栏位于标题栏的下面，菜单栏中有多个菜单项，单击某个菜单项，可以显示出该菜单的下拉菜单，如图2-3所示。

在下拉菜单中有如下5种情况：

- 命令名显示为灰色，表示当前不可用；显示为黑色，表示可以使用。
- 命令名后面有"…"，单击后将弹出对话框。
- 命令名后面有"▶"，表示该命令有级联菜单。
- 命令名前有"√"，表示该命令正在启用。
- 命令名前有"●"，表示该命令被选中，如果该命令在一个组中，则只能在该组命令中选择一个。

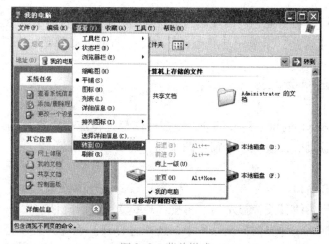

图2-3 菜单样式

4. 工具栏

工具栏中包括一些常用菜单命令的功能按钮，使用时直接单击功能按钮就可以执行相关的操作。

5. 地址栏

地址栏是可以显示或隐藏的，可通过单击【查看】菜单→【工具栏】命令或【地址栏】命令设置地址栏的显示或隐藏。地址栏中显示当前目录位置，单击地址栏右侧的下拉箭头，在弹出的列表中可以浏览和查找本地资源。

6. 工作区

工作区域在窗口中所占的比例最大，用于显示应用程序界面或文件中的全部内容。

7. 任务窗格

任务窗格位于窗口的左侧，一般分为三个区域：【系统任务】、【其他位置】及【详细信息】，如图 2-4 所示。

- 【系统任务】：可以执行系统任务，例如在窗口中选择文件或文件夹，完成选定对象的复制、移动、删除、重命名、粘贴等操作。
- 【其它位置】：可以通过选项切换到其他窗口。
- 【详细信息】：显示窗口中选中对象的详细资料。

8. 边和角

边和角指的是窗口的四个边框和四个角落。在窗口没有达到最大化时，当把鼠标的光标移动到窗口的边框或角落时，光标就变成调整大小光标形态，拖动光标，可以改变窗口的大小。

9. 滚动条

滚动条分为两种，即垂直滚动条和水平滚动条，利用滚动条可以浏览工作区中的内容。滚动条是否出现是有条件的，当工作区中的内容超出当前窗口宽度时，出现水平滚动条；当工作区中的内容超出当前窗口高度时，则出现垂直滚动条。

图 2-4　任务窗格

10. 状态栏

状态栏位于窗口的最下面，可以显示当前窗口的状态信息和提示信息。状态栏不是窗口的必需部分，单击【查看】菜单→【状态栏】命令，可显示或隐藏状态栏。

2.1.2　窗口的操作

窗口是 Windows XP 的重要组成部分，很多操作都是在窗口中进行的，窗口的基本操作包括窗口的打开、移动、改变大小、窗口的排列、切换和关闭等。

1. 窗口的打开

- 双击图标打开窗口。
- 选择一个图标，使其反像显示后，再按〈Enter〉键打开窗口。
- 右键单击图标，在弹出的快捷菜单中，选择【打开】命令，可以打开窗口。
- 当图标在某一窗口中，单击图标，单击【文件】菜单→【打开】命令，可以打开窗口。

2. 窗口的移动

在操作过程中只有窗口没有达到最大化时才能移动。

- 拖动窗口标题栏到新位置后释放鼠标即可。
- 单击窗口【控制菜单】按钮→【移动】命令，当鼠标自动跳到窗口的标题栏上，且成✛形状，此时将窗口拖动到所需的位置后，释放鼠标即可。
- 右键单击标题栏，在弹出的快捷菜单中选择【移动】命令，当鼠标自动跳到窗口的标题上，且成✛形状，此时通过键盘上的方向键移动窗口，到所需的位置后按下〈Enter〉键即可。

3. 窗口大小的改变

- 将鼠标移到窗口的边框或窗口的边角，当鼠标指针变成双向箭头"↕"、"↔"、"↖"、"↗"时，按住鼠标左键，拖动鼠标，即可改变窗口大小。
- 单击【控制菜单】按钮→【大小】命令，鼠标指针改变为四个箭头的形状"✛"，此时按键盘的上、下、左、右键移动光标可调整窗口大小，调整到适合窗口大小后，按〈Enter〉键。

4. 窗口的排列

窗口的排列有三种：层叠、横向平铺和纵向平铺。右键单击任务栏空白处，在弹出的快捷菜单中选择不同的排列命令，即可实现相应的排列。如图 2-5 所示，为窗口的层叠排列；图 2-6 所示，为窗口的横向排列；图 2-7 所示，为窗口的纵向排列。

5. 窗口的切换

- 当窗口处于非最小化状态时，单击某窗口的任意位置，使其标题栏的颜色变深时，表示切换窗口成功；当窗口处于最小化状态时，单击任务栏上的相应按钮，即可完成切换。

图 2-5　窗口的层叠排列

图2-6　窗口的横向平铺排列

图2-7　窗口的纵向平铺排列

- 通过键盘上的〈Alt ＋ Tab〉组合键进行切换。按住键盘上的〈Alt〉键，同时按下〈Tab〉键，此时在屏幕上将会出现【切换任务栏】，如图2-8所示。在按下〈Alt〉键的同时，连续使用〈Tab〉键在【切换任务栏】中选择其他的窗口，选择完成后同时释放两

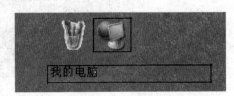

图2-8　切换任务栏

个按键，便将窗口切换到选中的窗口。

6. 窗口的关闭

- 单击窗口标题栏右侧的【关闭】按钮。
- 单击【文件】菜单→【关闭】命令。
- 双击【控制菜单】按钮，关闭窗口。
- 按下〈Alt + F4〉键，关闭窗口。
- 在窗口标题栏上单击鼠标右键，在弹出的快捷菜单中，选择【关闭】命令。
- 单击窗口【关闭】按钮，可以关闭窗口。
- 右键单击窗口在任务栏上的按钮，在弹出的快捷菜单中选择【关闭】命令。

2.2　菜单的组成与操作

在 Windows XP 菜单栏中，从左至右依次为【文件】、【编辑】、【查看】、【收藏】、【工具】、【帮助】等菜单。其中每个菜单项都可以展开其【下拉菜单】、【级联菜单】或【快捷菜单】等。菜单的操作可以利用鼠标或键盘来实现。

2.2.1　菜单的组成

单击窗口中的菜单项，显示其下拉菜单，针对下拉菜单中的命令各标记有不同的含义。

- 黑色命令是正常命令，如果选择它们就会立即执行。灰色命令是当前不可用命令。例如在【新建文件夹】窗口，当工作区内没有选中的内容时，【编辑】下拉菜单中的【剪切】和【复制】都是灰色的，表示不可用，如图 2-9 所示；当工作区中有选中的对象，【编辑】下拉菜单中的【剪切】和【复制】都变成黑色。表示可用，如图 2-10 所示。
- 菜单的分组线，在下拉菜单中通常有一条直线将其分隔为若干个组，这种分组是按照命令选项的功能而划分的。

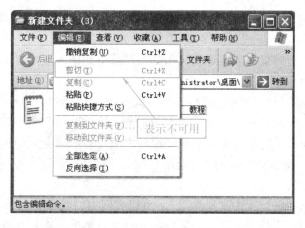

图 2-9　【剪切】、【复制】菜单不可用

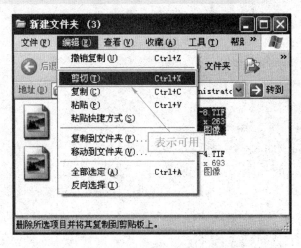

图 2-10 【剪切】、【复制】菜单可用

- 命令右侧有"…"，单击该命令将弹出对话框，用户可以进行一些设置、输入某些参数或完成更多的操作。
- 命令右侧有"▶"，表示它存在级联菜单，当鼠标指针指向该命令时会弹出它的级联菜单。
- 命令左侧有"√"，表示该命令正在起作用，单击该命令则会取消"√"，该命令将不起作用。
- 命令左侧有"●"，表示该命令已经被选中。当选择另一个时，原来的一个将自动失效。
- 命令右侧的组合键，有的命令右侧有组合键，即快捷键。按下该组合键即可实现相应的命令。
- 智能菜单，在 Windows XP 中，有些菜单中的命令不是固定不变的，可以对具体情况进行调整。

2.2.2 菜单的操作

Windows XP 的菜单中有窗口菜单和快捷菜单，它们的打开方式和操作都不同。

1. 窗口菜单的打开和执行

单击窗口菜单栏上的菜单项，可以显示其下拉菜单，单击下拉菜单中的命令，即可完成相关操作。

在窗口菜单中也可以利用键盘进行操作，按住〈Alt〉键同时按下菜单名右边的字母，即可打开相应的菜单。例如按住〈Alt〉键的同时按下〈T〉键，会打开【工具】菜单。若要执行此菜单，则在打开的下拉菜单中移动鼠标或按键盘上的方向键到所要执行的菜单命令上，按〈Enter〉键，即可执行此命令。

2. 窗口菜单的关闭

单击菜单以外的空白处或按〈Esc〉键，可以关闭窗口菜单。如果打开一个菜单不进行操作，而要打开另一个菜单，可以利用鼠标指向另一个菜单，将打开新的菜单，原来打开的菜单会自动关闭。

3. 快捷菜单的使用

在 Windows XP 中右键单击某对象时，会弹出一个带有关于该对象的常用命令的菜单，称为快捷菜单。这种操作方法不但直观，而且菜单紧挨着选择的对象，是一种方便、快捷的操作方法。例如右键单击文件、文件夹或磁盘驱动器，都会弹出一个快捷菜单，如图 2-11 所示。

a) 文件快捷菜单

b) 文件夹快捷菜单

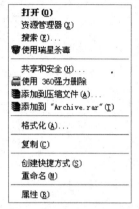
c) 磁盘驱动器快捷菜单

图 2-11　文件、文件夹、磁盘驱动器三个快捷菜单

这三个快捷菜单既有相似之处，又各有特点：
- 创建快捷方式：使用该选项可以对对象创建快捷方式。
- 属性：使用该选项可查看和改变对象的属性。
- 打开：用来打开一个已有的文件或文件夹。
- 资源管理器：用来管理磁盘或文件夹中的文件。
- 搜索：用来查找磁盘或文件夹中的文件。
- 格式化：用来对磁盘进行格式化。当为软驱时，还有【复制磁盘】命令，可以用来对磁盘复制，这两个选项是磁盘驱动器对象的快捷菜单中所特有的。

2.3　设置与使用工具栏

在 Windows XP 中将一些常用的菜单项制成工具按钮放在窗口的工具栏中，当用户需要时即可直接单击工具按钮执行相关操作。工具栏可以显示、隐藏或锁定，用户也可以进行自定义设置。

1. 工具栏的显示/隐藏

工具栏是可以显示或隐藏的，单击【查看】菜单→【工具栏】命令，将显示级联菜单，其中包含标准按钮、地址栏、链接、锁定工具栏和自定义，如图 2-12 所示。如果【标准按钮】前有"√"，则工具栏将出现在窗口中；否则工具栏不显示。

2. 工具栏的锁定

单击【查看】菜单→【工具栏】→【锁定工具栏】命令，如果【锁定工具栏】左侧有

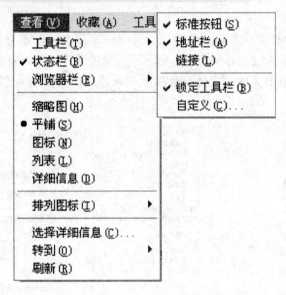

图 2-12　级联菜单

"√"，则菜单栏、工具栏、地址栏都被锁定，否则，拖动菜单栏、工具栏或地址栏前边的竖虚线均可以改变它们在窗口中的位置。

3. 自定义工具栏

单击【查看】菜单→【工具栏】→【自定义】命令，打开【自定义工具栏】对话框，如图 2-13 所示。在工具栏任意位置单击鼠标右键，在快捷菜单中选择【自定义】命令，也可打开【自定义工具栏】对话框进行定制。

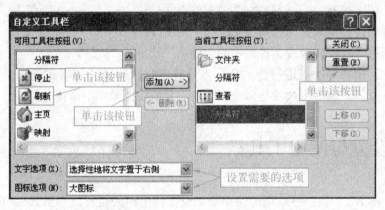

图 2-13　【自定义工具栏】对话框

- 添加工具栏按钮：例如要在工具栏添加【刷新】按钮，可以在【可用工具栏按钮】列表中直接双击【刷新】按钮或在【可用工具栏】列表中单击【刷新】按钮，然后单击【添加】按钮。
- 删除工具栏按钮：在【当前工具栏按钮】列表中直接双击要删除的按钮或单击【当前工具栏按钮】列表中的相应按钮，然后单击【删除】按钮。
- 恢复工具栏的默认设置：单击【自定义工具栏】对话框中的【重置】按钮，即可恢复工具栏的初始状态。

- 文字标签设置：单击【文字选项】文本框右侧的下拉箭头，在弹出的下拉式列表框中可以对工具栏按钮文字标签进行设置。
- 工具栏按钮的显示图标设置：在【图标选项】下拉式列表框中可以对工具栏按钮的显示图标进行设置。如果单击【大图标】，则工具栏中按钮以大图标的形式显示；如果单击【小图标】，则工具栏中按钮以小图标的形式显示。

4. 工具栏的操作

工具栏的操作很简单，在需要的时候，找到相应的工具栏按钮，如果处于可用状态，直接单击就可以执行操作。

2.4　对话框的组成与操作

对话框是一种特殊的窗口，在 Windows XP 中占有重要地位，它是用户与计算机系统之间进行信息交流的桥梁。

2.4.1　对话框的组成与基本操作

从整体来看对话框主要包括命令按钮、文本框、列表框、下拉式列表框、单选按钮、复选框或选项卡等项目。

1. 标题栏

标题栏位于对话框的最上部。标题栏左边是对话框的名称，右边为 ? 和 × 按钮。单击 ? 按钮，鼠标将变成 ?，单击某对象时系统会提供该对象的帮助信息。单击 × 按钮，将关闭对话框。

2. 选项卡

选项卡位于对话框标题栏的下方，并不是所有的对话框都有选项卡。通常采用选项卡的方式来分页，从而将内容归类到不同的选项卡中。例如【系统属性】对话框中就包括【常规】、【计算机名】、【硬件】、【高级】、【自动更新】和【远程】等选项卡，如图2-14所示。

如果要切换选项卡，可以选择下列操作之一：

- 单击选项卡标题，可以切换选项卡。
- 单击选项卡标题，当标题名周围出现虚框线时，可按键盘上的〈←〉、〈→〉键进行切换。
- 利用〈Ctrl + Tab〉组合键从左至右依次切换各个选项卡，利用〈Ctrl + Shift + Tab〉组合键从右到左顺序依次切换。如图2-15所示切换到【计算机名】选项卡。

3. 文本框

文本框是用来输入文本或数值数据的区域。用户可以直接输入或修改文本框中的数据，此时的光标显示输入文本的位置，如果在文本框中没有看到光标，则应先单击该文本框出现光标后才能输入。

图 2-14 【系统属性】对话框

4. 命令按钮

大多数对话框都有【确定】、【取消】、【应用】等命令按钮，单击命令按钮会立即执行一个命令。对话框中常见的命令按钮有【确定】和【取消】两种。如果命令按钮呈灰色，表示该按钮当前不可用，如果命令按钮后有省略号【…】，表示单击该按钮时将会弹出一个对话框。

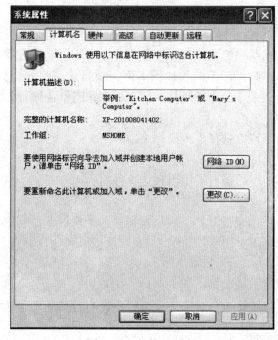

图 2-15 切换选项卡

5. 列表框

列表框显示可以从中选择的选项列表。若要从列表中选择选项，单击该选项即可；如果看不到想要的选项，则使用滚动条上下滚动列表；如果列表框上面有文本框，也可以输入选项的名称或值。

6. 下拉式列表框

下拉式列表框的作用与列表框的作用基本相同，区别在于下拉式列表框多了一个向下的下拉箭头，同时下拉式列表框中只显示一个当前选项，其他选项可以通过单击向下的下拉箭头打开，如图2-16所示，为自动更新操作系统时间。

7. 单选按钮

单选按钮通常由多个组成一组，但同一时间只能从中选取一项，当其单选按钮中出现◉时，表示它在起作用。例如要自动更新 Windows XP，可在【自动更新】选项卡中，选中【自动】单选按钮，如图2-16所示。

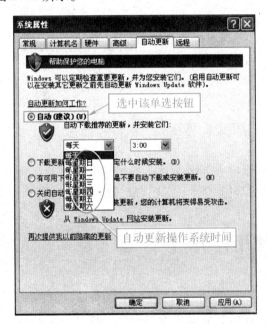

图2-16　单选按钮和下拉式列表框

8. 复选框

复选框具有打开和关闭功能。当复选框为选中状态时，表示该功能正在发挥作用；当复选框为取消选中状态时，表示没有设置该功能，如图2-17所示。

9. 帮助按钮

在对话框的右上角有一个▉按钮，单击该按钮可选中【帮助】，当鼠标指针变成"▨?"时，单击某个命令选项，可获取该项的帮助信息。

另外，在有的对话框中还有调节数字的按钮▦，它由向上和向下两个箭头组成，在使用时分别单击箭头即可增加或减少数字，也可直接在框内输入数字。

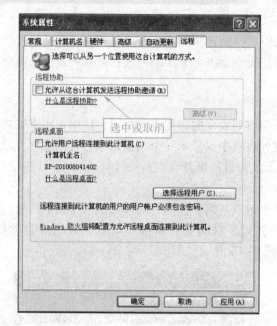

图 2-17　复选框

2.4.2　确认、提醒或警告对话框

警告、确认或提醒对话框在需要确认、提醒或警告时会出现。根据实际需要可以选择【确定】、【重试】、【继续】、【取消】、【是】或【否】等按钮。

2.5　设置与使用任务栏

在 Windows XP 系统下，任务栏就是指位于桌面最下方的小长条，主要由【开始】菜单、快速启动栏、应用程序区和语言选项带组成。从【开始】菜单可以打开大部分安装的软件与【控制面板】，快速启动栏里面存放的是最常用程序的快捷方式，可以按照个人喜好拖动更改。应用程序区是多任务工作时的主要区域之一，它可以存放大部分正在运行的程序窗口。而托盘区则是通过任务栏中小图标形象地显示计算机软硬件的重要信息与杀毒软件动态，托盘区右侧的时钟随时显示时间。

2.5.1　移动和改变任务栏大小

1. 移动任务栏

用鼠标左键按住任务栏的空白区域不放，拖动鼠标，这时【任务栏】会跟着鼠标在屏幕上移动，当新的位置出现时，在屏幕的边上会出现一个阴影边框，释放鼠标，【任务栏】就会显示在新的位置，可以在屏幕的左边、右边或顶部。

2. 改变任务栏的大小

要改变【任务栏】的大小非常简单,只要把鼠标移动到【任务栏】的边沿,靠近屏幕中心的一侧,当鼠标变成双向箭头时,按鼠标左键拖动即可改变【任务栏】的大小。

2.5.2 隐藏任务栏与锁定任务栏

1. 隐藏任务栏

步骤1 在任务栏空白处单击鼠标右键,在快捷菜单中选择【属性】命令,打开【任务栏和「开始」菜单属性】对话框,如图2-18所示。

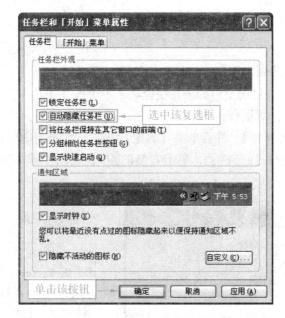

图2-18 【任务栏和「开始」菜单属性】对话框

步骤2 选中【自动隐藏任务栏】复选框。

步骤3 单击【确定】按钮或按〈Enter〉键。

2. 锁定任务栏

步骤1 右键单击任务栏空白处,在快捷菜单中选择【属性】命令,打开【任务栏和「开始」菜单属性】对话框,如图2-18所示。

步骤2 选中【锁定任务栏】复选框。

步骤3 单击【确定】按钮或按〈Enter〉键。

2.5.3 任务栏中的工具栏设置

1. 显示或隐藏工具栏

右键单击工具栏的空白处,在快捷菜单中单击【工具栏】命令,其级联菜单就会显示工具栏的名称列表，如图2-19所示，表明只有【语言栏】和【快速启动】出现在任务栏上，用户可根据自己的需要选择哪些工具显示在任务栏上，哪些工具隐藏。

图2-19　【任务栏】的快捷菜单

2. 在任务栏中添加工具栏

以【我的文档】作为新的工具栏添加到任务栏为例：

步骤1 右键单击任务栏的空白处，在快捷菜单中单击【工具栏】→【新建工具栏】命令，打开【新建工具栏】对话框。

步骤2 单击【我的文档】，然后单击【确定】按钮，如图2-20所示。

【我的文档】将出现在任务栏上，单击右侧的▓按钮，用户即可操作【我的文档】，如图2-21所示。

图2-20　【新建工具栏】对话框

图2-21　从任务栏操作【我的文档】

2.5.4 任务栏应用程序图标区域的操作

任务栏的程序图标区有应用程序图标的按钮，利用这些按钮，可以对窗口进行操作。

- 实现活动窗口和非活动窗口的切换：单击非活动窗口在任务栏上的图标变成活动窗口，原来的活动窗口变为非活动窗口。
- 最大化/还原、最小化和关闭窗口：右键单击单一程序图标按钮，在快捷菜单中实现窗口的最小化、最大化/还原和关闭，如图 2-22 所示。
- 对组合图标按钮的操作：右键单击组合图标按钮，在快捷菜单中实现层叠、横向平铺、纵向平铺，最小化组和关闭组，如图 2-23 所示。

图 2-22　单一图标按钮的快捷菜单

图 2-23　组合图标按钮的快捷菜单

2.6　设置和使用【开始】菜单

2.6.1　设置【开始】菜单

如果要对【开始】菜单进行自定义设置，具体操作步骤如下：

　　右键单击任务栏，在弹出的快捷菜单中单击【属性】命令，打开【任务栏和「开始」菜单属性】对话框，单击【「开始」菜单】选项卡切换到相应页后，如图 2-24 所示。

　　单击 自定义(C)... 按钮，打开【自定义「开始」菜单】对话框，设置的选项如图 2-25 所示。

　　单击【高级】选项卡，切换到【高级】选项卡，这里可以设置的选项如图 2-26 所示。最后单击 确定 按钮，应用所作的设置并关闭对话框。

图2-24 【开始菜单】选项卡

图2-25 【自定义「开始」菜单】对话框

2.6.2 【开始】菜单的使用

【开始】菜单是操作计算机的门户，利用它可以打开任何应用程序及其他项目。【开始】菜单大体包括5个部分，如图2-27所示。

图 2-26 设置【开始】菜单

图 2-27 Windows XP 的【开始】菜单

【开始】菜单各部分的意义如下：

- 【开始】菜单最上方显示当前登录 Windows XP 系统的用户，由一个小图标和用户名组成，这些内容随着登录用户的改变会有所不同。
- 常用应用程序的快捷启动项分为两组：分组线上方是应用程序的常驻快捷启动项，一旦设置后便不会自动改变；分组线下方是系统自动添加的最常用的应用程序快捷启动项，会随着应用程序的使用频率而自动改变。单击这些启动项，可以快速启动相应的应用程序。

- 【开始】菜单选项区域包括【我的电脑】、【我的文档】及【控制面板】等菜单项，单击这些菜单项可以实现对计算机的操作与管理。
- 在【所有程序】中可以找到计算机中已安装的全部应用程序，单击其中的菜单项可以打开相应的应用程序。
- 在【开始】菜单最下方是【注销】和【关闭计算机】两个按钮，单击可以注销用户或关闭计算机。
- 通过【开始】菜单可以打开如计算器、画图、记事本等之类的小程序，下面以打开【画图】为例，单击【开始】菜单→【所有程序】→【附件】→【画图】命令，打开【画图】窗口，如图 2-28 所示。

图 2-28 启动【画图】窗口

2.7 上机练习

1. 在任务栏上，创建【新建文件夹】工具栏，并显示大图标。
2. 将【我的电脑】建立在任务栏上，关闭链接栏，并显示桌面栏的文字。
3. 在任务栏上调出链接栏，不显示文字，并关闭打开的【记事本】应用程序组。
4. 显示快速启动区的标题，并将任务栏高度适当调低。
5. 将任务栏扩大一倍后，锁定任务栏。
6. 请将任务栏高度减小到只剩一条蓝线。
7. 将位于屏幕底部的任务栏移动到屏幕左边。
8. 从任务栏处打开右键关联菜单且隐藏任务栏。
9. 请设置锁定任务栏，并将任务栏设置为保持在其他窗口的前端。
10. 设置任务栏显示时钟且按分组相似任务栏按钮。

11. 显示自动隐藏的任务栏，以小图标方式查看。

12. 请显示 C 盘根目录下的文件及文件的详细信息，且按"名称"降序排列。

13. 在当前窗口中，显示工具栏，利用【前进】按钮，切换到桌面。

14. 请设置在【开始】菜单中【突出显示新安装的程序】项目，并查看效果。

15. 设置【开始】菜单显示为大图标，且菜单上的程序数目为 7 个。

16. 将工具栏恢复为默认设置。

17. 利用【我的电脑】窗口，请为 C 盘根目录下的"My Essea"文件夹中的文件"Wdtxcl. tg"选择打开方式为"画图"应用程序，对该类型的文件描述为"画图文件"。

18. 通过【我的电脑】窗口查看系统信息。

19. 在【我的电脑】窗口中，首先将图标按"名称"进行排列，然后再以"列表"形式进行查看。

20. 当前窗口为 C 盘窗口，请利用窗口菜单将当前窗口转为其上级窗口【我的电脑】。

21. 通过拖动的方式将当前窗口向右下方移动。

22. 调出【我的电脑】窗口中的地址栏，并从地址栏中打开"www. cctykw. com"。

23. 将已打开的多个窗口调节为层叠窗口显示。

24. 请在【我的电脑】窗口中隐藏状态栏。

25. 在【我的电脑】窗口中，将【后退】按钮移到【向上】按钮之前。

26. 删除工具栏中的【分隔符】按钮。

27. 桌面上有打开的【我的电脑】窗口，请将窗口的工具栏锁定。

28. 在【我的电脑】中工具栏右侧增加【刷新】按钮。

29. 通过【我的电脑】窗口，请利用【查看】菜单打开【选择详细信息】对话框，将类型设置为第一位。

上机操作提示（具体操作详见随书光盘中【手把手教学】第 2 章 01～29 题）

1. 　步骤1　右键单击任务栏，在快捷菜单中单击【工具栏】→【新建工具栏】命令，打开【新建工具栏】对话框。

　步骤2　单击【我的文档】文件夹。

　步骤3　单击【新建文件夹】按钮，选择【新建文件夹】文件夹。

　步骤4　单击【确定】按钮，右键单击任务栏中的【新建文件夹】，弹出快捷菜单，选择【查看】菜单→【大图标】命令。

2. 　步骤1　右键单击任务栏，在快捷菜单中，选择【工具栏】菜单→【新建工具栏】命令，打开【新建工具栏】对话框。

　步骤2　单击【我的电脑】图标。

　步骤3　单击【确定】按钮。

　步骤4　右键单击任务栏，在快捷菜单中选择【工具栏】→【链接】命令。

　步骤5　右键单击任务栏，在快捷菜单中，选择【显示文字】命令。

3. 　步骤1　右键单击任务栏，在快捷菜单中选择【工具栏】菜单→【链接】命令。

　步骤2　右键单击任务栏中的【我的电脑】，弹出快捷菜单，选择【显示文字】命令。

　步骤3　右键单击任务栏中的【5 记事本】，弹出快捷菜单，选择【关闭组】命令。

4. 右键单击快速启动栏，在快捷菜单中选择【显示标题】命令。

在任务栏上边缘按住鼠标左键，向下拖曳适当高度，释放鼠标。

5. 在任务栏上按下鼠标左键，向上拖动【任务栏】高度为 2 倍高度时，释放鼠标。

右键单击任务栏，在快捷菜单中选择【锁定任务栏】命令。

6. 右键单击任务栏，在快捷菜单中选择【锁定任务栏】命令。

在任务栏上按下鼠标左键，向下拖动【任务栏】到只剩一条蓝线时，释放鼠标。

7. 右键单击任务栏，在快捷菜单中选择【属性】命令，打开【任务栏和「开始」菜单属性】对话框。

取消已选中的【锁定任务栏】复选框。

单击【确定】按钮。

在任务栏上按下鼠标左键，将【任务栏】拖曳到屏幕左侧，释放鼠标。

8. 右键单击任务栏，在快捷菜单中，选择【属性】命令，打开【任务栏和「开始」菜单属性】对话框。

选中【自动隐藏任务栏】复选框。

单击【确定】按钮。

9. 右键单击任务栏，在快捷菜单中选择【锁定任务栏】命令。

右键单击任务栏，在快捷菜单中选择【属性】命令，打开【任务栏和「开始」菜单属性】对话框。

选中【将任务栏保持在其他窗口的前端】复选框。

单击【确定】按钮。

10. 右键单击任务栏，在快捷菜单中选择【属性】命令，打开【任务栏和「开始」菜单属性】对话框。

选中【分组相似任务栏按钮】复选框。

选中【显示时钟】复选框。

单击【确定】按钮。

11. 右键单击任务栏，在弹出的快捷菜单中，选择【属性】命令，打开【任务栏和「开始」菜单属性】对话框。

取消已选中的【自动隐藏任务栏】复选框。

单击【确定】按钮。

右键单击任务栏中的【链接】，弹出快捷菜单，选择【查看】→【小图标】命令。

12. 单击【查看】菜单→【详细信息】命令。

单击【查看】菜单→【排列图标】→【名称】命令。

13. 右键单击工具栏，在快捷菜单中选择【标准按钮】命令。

单击工具栏中的【前进】按钮。

（步骤） 单击工具栏中的【前进】按钮。

14. （步骤） 右键单击【开始】菜单，在快捷菜单中选择【属性】命令，打开【任务栏和「开始」菜单属性】对话框。

（步骤） 单击【自定义】按钮。

（步骤） 单击【高级】选项卡，选中【突出显示新安装的程序】复选框。

（步骤） 单击【确定】按钮。

（步骤） 单击【确定】按钮。

（步骤） 单击【开始】菜单→【所有程序】命令。

15. （步骤） 右键单击【开始】菜单，在快捷菜单中选择【属性】命令，打开【任务栏和「开始」菜单属性】对话框。

（步骤） 单击【「开始」菜单】选项卡。

（步骤） 单击【自定义】按钮，打开【自定义「开始」菜单】对话框。

（步骤） 选中【大图标】单选按钮，在【「开始」菜单上的程序数目】数值框中输入"7"。

（步骤） 单击【确定】按钮。

（步骤） 单击【确定】按钮。

16. （步骤） 右键单击工具栏，在快捷菜单中选择【自定义】命令，打开【自定义工具栏】对话框。

（步骤） 单击【重置】按钮。

（步骤） 单击【关闭】按钮。

17. （步骤） 双击【yy（C:）】图标。

（步骤） 双击【My Essea】文件夹。

（步骤） 单击【Wdtxcl.tg】文件，右键单击【Wdtxcl.tg】文件，在快捷菜单中选择【打开方式】命令，打开【打开方式】对话框。

（步骤） 单击【程序】列表中的【画图】选项。

（步骤） 在【输入您对该类型文件的描述】文本框中输入"画图文件"。

（步骤） 单击【确定】按钮。

18. （步骤） 双击【我的电脑】图标。

（步骤） 单击【系统任务】列表中的【查看系统信息】。

19. （步骤） 单击【查看】菜单→【排列图标】→【名称】命令。

（步骤） 单击【查看】菜单→【列表】命令。

20. （步骤） 单击【查看】菜单→【转到】→【向上一级】命令。

21. （步骤） 在【回收站】标题栏上按住鼠标左键，拖曳至右下方释放鼠标。

22. （步骤） 双击桌面上的【我的电脑】图标，打开【我的电脑】窗口。

（步骤） 单击【查看】菜单→【工具栏】→【地址栏】命令，显示地址栏。

（步骤） 单击【地址栏】，在【地址栏】中输入"www.cctykw.com"。

（步骤） 单击【转到】按钮。

23. **步骤1** 右键单击【任务栏】，在快捷菜单中选择【层叠窗口】。

24. **步骤1** 双击桌面上的【我的电脑】图标，打开【我的电脑】窗口。

步骤2 单击【查看】菜单→【状态栏】命令。

25. **步骤1** 双击桌面上的【我的电脑】图标，打开【我的电脑】窗口。

步骤2 单击【查看】菜单→【工具栏】→【自定义】命令，打开【自定义工具栏】对话框。

步骤3 单击【后退】按钮，单击【下移】按钮。

步骤4 单击【关闭】按钮。

26. **步骤1** 单击【查看】菜单→【工具栏】→【自定义】按钮，打开【自定义工具栏】。

步骤2 双击【当前工具栏按钮】列表框中的【分隔符】。

步骤3 单击【关闭】按钮。

27. **步骤1** 右键单击【工具栏】，在快捷菜单中选择【锁定工具栏】。

28. **步骤1** 单击【查看】菜单→【工具栏】→【自定义】命令，打开【自定义工具栏】对话框。

步骤2 单击【可用工具栏按钮】列表框中的【刷新】按钮。

步骤3 单击【添加】按钮，单击【关闭】按钮。

29. **步骤1** 双击桌面上的【我的电脑】图标，打开【我的电脑】窗口。

步骤2 单击【查看】菜单→【选择详细信息】命令，打开【选择详细信息】对话框。

步骤3 单击【详细信息】列表框中的【类型】，单击【上移】按钮。

步骤4 单击【确定】按钮。

第3章 Windows XP的资源管理

Windows 资源管理器用于显示计算机上的文件、文件夹和驱动器的分层结构，同时显示映射到计算机上的所有网络驱动器名称。使用 Windows 资源管理器，可以快速、便捷地复制、移动、重新命名以及搜索文件和文件夹。

本章介绍 Windows XP 文件管理的概念和操作，涉及文件、文件夹和文件系统，利用【我的电脑】和【资源管理器】对文件的管理，以及【回收站】的使用和操作。

3.1 文件和文件夹

3.1.1 文件和文件夹的基本概念

文件是一组相关信息的集合，任何程序和数据都是以文件的形式存放于计算机的外存储器上，通常存放在磁盘上。在计算机中，文本文档、电子表格、数字图片，歌曲等都属于文件。任何一个文件都必须具有文件名，文件名是存取文件的依据，计算机的文件按名存取。

文件夹是在磁盘上组织程序和文档的一种手段，它既可包含文件，也可包含其他文件夹。文件夹中包含的文件夹通常称为子文件夹。

文件名由主文件名和扩展名组成。Windows XP 支持的长文件名最多为 255 个字符。Windows XP 文件和文件夹命名规则如下：

（1）在文件或文件夹名中，最多可用 255 个字符，其中包含驱动器名、路径名、主文件名和扩展名四个部分。

（2）通常，每个文件都有三个字符的文件扩展名，用以标识文件的类型，常用文件扩展名见表 3-1。

表 3-1　常用文件扩展名

扩展名	文 件 类 型	扩展名	文 件 类 型
. exe	二进制码可执行文件	. bmp	位图文件
. txt	文本文件	. tif	tif 格式图形文件
. sys	系统文件	. html	超文本多媒体语言文件
. bat	批处理文件	. zip	zip 格式压缩文件
. ini	Windows 配置文件	. arj	arj 格式压缩文件
. wri	写字板文件	. wav	声音文件

（续）

扩展名	文 件 类 型	扩展名	文 件 类 型
. doc	Word 文档文件	. au	声音文件
. bin	二进制码文件	. dat	VCD 播放文件
. cpp	C ++ 语言源程序文件	. mpg	mpg 格式压缩移动图形文件

（3）文件名或文件夹名中不能出现以下字符：\ ／ ： * ?" < > ｜ 。

（4）查找文件名或文件夹名时可以使用通配符"*"和"?"。

（5）文件名和文件夹名中可以使用汉字和空格，但空格作为文件名的开头字符或单独作为文件名将不起作用。

（6）可以使用多分隔符的名字，但只有最后一个分隔符后面的部分是文件的扩展名，例如文件"file. word. txt"的扩展名为"txt"。

3.1.2　文件和文件夹图标

计算机使用图标来表示文件和文件夹，通过图标可看出文件的种类。要打开文件或程序，双击该图标即可。如图 3-1 所示，分别是驱动器图标、文件夹图标、系统文件图标、应用程序图标、Word 文档图标和快捷方式图标。

图 3-1　图标示例

3.1.3　文件的类型

在 Windows XP 系统中，不同的文件会以不同的图标显示。从打开方式看，文件分为可执行文件和不可执行文件两种类型。

（1）可执行文件：指可以自己运行的文件，又称可执行程序，其扩展名主要有". exe"、". com"等。双击可执行文件，即可自动运行。

（2）不可执行文件：指不能自己运行的文件。当双击此类数据文件后，系统会调用特定的应用程序去打开它。

3.2　【资源管理器】与【我的电脑】

下面将对【资源管理器】与【我的电脑】进行讲解。

3.2.1　认识【资源管理器】

【资源管理器】是 Windows 系统提供的资源管理工具，用来查看本台计算机的所有资源，特别是它提供的树形文件系统结构，使用户能更清楚、直观地认识计算机的文件和文件夹，这是【我的电脑】所没有的。在实际的使用功能上【资源管理器】和【我的电脑】基本相同，两者都用来管理系统资源，也即是用来管理文件的。另外，在【资源管理器】中还可以对文件进行各种操作，如打开、复制、移动、删除等。

1. Windows 资源管理器的启动

方法1

右键单击【开始】菜单，在弹出的快捷菜单中选择【资源管理器】命令，如图 3-2 所示。

图 3-2　右键单击【开始】菜单，打开【资源管理器】

方法2

右键单击【我的电脑】图标，在弹出的快捷菜单中选择【资源管理器】命令，如图 3-3 所示。

图 3-3　右键单击【我的电脑】图标，打开【资源管理器】

方法3

单击【开始】菜单→【所有程序】→【附件】→【Windows 资源管理器】命令。

方法4

在任意驱动器图标或者文件夹图标上单击鼠标右键，在弹出的快捷菜单中选择【资源管理器】命令。

2. Windows 资源管理器窗口的组成及应用

Windows 资源管理器窗口上部是标题栏、菜单栏、工具栏和地址栏。窗口中共分为两个区域：左窗格和右窗格，左窗格中显示的是文件夹数，表示计算机资源的结构组织，从【桌面】图标开始，计算机所有的资源都组织在其下，例如【我的电脑】、【我的文档】、【Internet Explorer】、【网上邻居】和【回收站】等，右窗格用于显示左窗格中选定对象所包含的内容，左窗格和右窗格之间有一分隔条。整个窗口底部为状态栏，如图3-4所示。

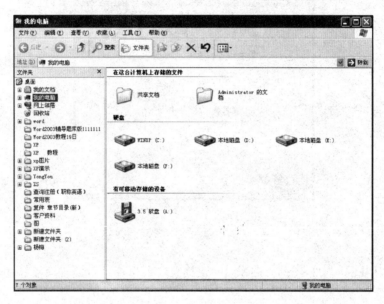

图 3-4 Windows 资源管理器窗口

（1）工具栏

工具栏里包含了一些标准按钮，通过单击这些按钮可以调用一些常用的功能。虽然也可以通过选择相应的菜单命令来完成这些功能，但大多数用户更倾向于使用工具按钮。标准按钮的功能如表3-2所示。

表 3-2 标准按钮的功能

按钮名称	功　　能
后退	可返回前一操作的位置
前进	相对后退而言，返回后退操作前的位置
向上	将当前的位置设定到上一级文件夹中
搜索	打开【搜索助理】工具栏，用于搜索文件和文件夹等
文件夹	用于显示或关闭文件夹树
查看	决定右窗口的显示方式

（2）移动分隔条

移动分隔条可以改变左、右窗格的大小，操作方法是用鼠标拖动分隔条。

（3）浏览文件夹中的内容

当在左窗格中选定一个文件夹时，右窗格中就显示该文件夹中所包含的文件和子文件夹，如果一个文件夹包含有下一层子文件夹，则在左窗格中该文件夹的左边有一个方框，方框内有【+】或【-】。

单击文件夹左边【+】时，就会展开该文件夹，且【+】变成【-】。展开后再次单击鼠标，则将文件夹折叠，【-】变成【+】。也可以使用双击文件夹图标或文件夹名，展开或折叠该层文件夹。

（4）改变文件和文件夹的显示方式

Windows XP中大多数文件不会显示其扩展名，而是用不同的图标表示其类型。在文件夹中查看文件时，Windows XP提供了几种新方法来整理和识别文件。打开一个文件夹时，可以在【查看】菜单中选择【缩略图】、【平铺】、【幻灯片】、【图标】、【列表】和【详细信息】视图命令选项之一，且在【缩略图】、【平铺】、【图标】和【详细信息】视图方式下还可以使用【按组排列】的方式显示，它们的区别见表3-3。

表3-3　查看视图说明

命　令	显　示　方　式
按组排列	通过文件的任何细节（如名称、大小、类型或更改日期）对文件进行分组。【按组排列】可用于【缩略图】、【平铺】、【图标】和【详细信息】视图方式
缩略图	显示图片文件的缩略图，并且将文件夹所包含的图像显示在文件夹图标上，因而可以快速识别该图片文件和文件夹的内容。完整的文件夹名将显示在缩略图的下方
平铺	以图标显示文件和文件夹。这种图标比【图标】视图中的图标要大，并且将所选的分类信息显示在文件或文件夹名下方
幻灯片	可在图片文件夹中使用。图片以单行缩略图形式显示。可以通过使用左右箭头按钮滚动图片。单击一幅图片时，该图片显示的图像要比其他图片大。双击该图片，可对图片进行编辑、打印或保存图像到其他文件夹中的操作
图标	以图标显示文件和文件夹。文件名显示在图标下方，但是不显示分类信息。在这种视图中，可以分组显示文件和文件夹
列表	以文件或文件夹名列表显示文件夹内容，其内容前面为小图标。当文件夹中包含很多文件，并且想在列表中快速查找一个文件名时，这种视图非常有用。在这种视图中可以分类显示文件和文件夹，但是无法按组排列文件
详细信息	列出已打开文件夹的内容并提供有关文件的详细信息，包括文件名、类型、大小和修改日期

（5）文件和文件夹的排列

在Windows资源管理器中可以对文件和文件夹进行排列，排列的目的是便于查找文件和文件夹。排列文件和文件夹的操作方法是：单击【查看】菜单→【排列图标】命令，然后在级联菜单中根据需要选择按【名称】、【大小】、【类型】、【修改时间】、【按组排列】、【自动排列】和【对齐到网格】等七种排列方法之一进行排列。其中值得注意的是桌面作为特殊的文件夹，除了以上几种排列方式以外，还增加了【显示桌面图标】、【在桌面上锁定Web项目】及【运行桌面清理向导】的命令项。它们的区别见表3-4。

表3-4　文件排列方式

命　令	排列方式
名称	按图标名称的字母顺序排列图标
大小	按文件大小顺序排列图标
类型	按图标类型顺序排列图标
修改时间	按快捷方式最后所做修改的时间排列图标
自动排列	图标在屏幕上从左边以列排列
对齐到网格	由屏幕上的不可视网格将图标固定在指派位置
显示桌面图标	隐藏或显示所有桌面图标
在桌面上锁定 Web 项目	用于防止移动桌面上的 Web 项目或调整 Web 项目的大小
运行桌面清理向导	用于删除不使用的桌面图标

3.2.2　认识【我的电脑】

（1）刚刚安装完成的 Windows XP 系统，桌面上只有一个【回收站】图标，要想在桌面上显示【我的电脑】图标，具体操作方法如下：

方法1

单击桌面下方【开始】菜单，右键单击【我的电脑】命令，在弹出的快捷菜单中，选择【在桌面上显示】命令。

方法2

图3-5　【桌面项目】对话框

右键单击桌面空白处，在弹出的快捷菜单中，选择【属性】命令，打开【显示属性】对话框。

单击【桌面】选项卡，在打开的【桌面】选项卡中单击【自定义桌面】按钮，打开【桌面项目】对话框。

在【桌面图标】列表框中选中【我的电脑】复选框，如图3-5所示。

单击【确定】按钮。

（2）【我的电脑】窗口除了具有标题栏、工具栏、菜单栏和地址栏等元素外，其工作区又分为左右两个区域：左边的工作区域是任务窗格，由系统任务、其他位置和详细信息三部分组成；右边的工作区域与【资源管理器】窗口的右窗格相似，为文件浏览区，用于显示当前位置的系统资源。

（3）【我的电脑】外观设置，单击【查看】菜单，弹出其下拉菜单，如图3-6所示，利用下拉菜单的选项可以改变窗口的外观。

图3-6 【我的电脑】的【查看】菜单及其下拉菜单

3.3 文件及文件夹管理

【资源管理器】和【我的电脑】是 Windows XP 提供的用于管理文件和文件夹的两个应用程序，利用这两个应用程序可以显示文件夹的结构和文件的详细信息、启动程序、打开文件、查找文件、复制文件以及直接访问 Internet 等，用户可以根据自身的习惯和要求选择使用。

3.3.1 浏览文件和文件夹

通过【我的电脑】中的【查看】菜单下的【缩略图】、【平铺】、【图标】、【列表】和【详细信息】命令，可以浏览文件和文件夹，如图 3-7 所示。

当文件夹中有图片文件时，【查看】菜单的浏览图标组还会出现【幻灯片】，利用幻灯片和【缩略图】查看图片文件非常方便。

如果需要对文件和文件夹进行某种排列以便浏览，可以利用【查看】菜单中的【排列图标】的级联菜单【名称】、【类型】、【大小】、【修改时间】、【按组排列】、【自动排列】和【对齐到网格】等命令。

3.3.2 选择文件和文件夹

选定文件或文件夹是一个非常重要的操作，因为 Windows 的操作风格是先选定操作的对象，然后选择执行操作的命令，被选中的对象将反像显示，如图 3-8 所示。

如果要选择文件和文件夹，具体操作方法如下：

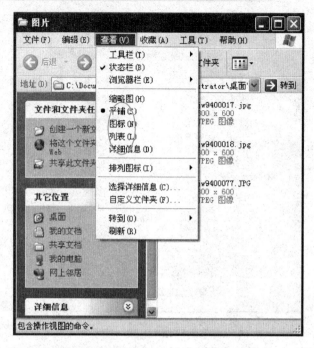

图 3-7 【查看】菜单

图 3-8 被选中的文件和文件夹

- 要选择一个文件或文件夹，可直接单击该文件或文件夹。
- 要同时选择多个文件或文件夹，可按住〈Ctrl〉键的同时，依次单击选中文件或文件夹，选择完毕后释放〈Ctrl〉键即可。
- 单击选中第一个文件或文件夹后，按住〈Shift〉键单击其他文件或文件夹，则两个文件或文件夹之间的全部文件或文件夹均被选中。
- 按住鼠标左键不放，拖动出一个矩形选框，然后释放鼠标左键后，在选框内的所有文件或文件夹都会被选中。

- 单击【编辑】菜单→【全部选定】命令或者按〈Ctrl + A〉组合键，可将当前窗口中的所有文件或文件夹选中。

3.3.3 创建文件夹

为了分类存放文件，有时候需要创建新文件夹。在 Windows XP 中，可以采取多种方法来创建文件夹，并且在文件夹中还可以创建子文件夹，下面以在【本地磁盘（D:）】驱动器中新建文件夹为例，介绍新建文件夹的操作方法。

单击【开始】菜单→【我的电脑】命令，再双击【本地磁盘（D:）】，打开【本地磁盘（D:）】驱动器，在该窗口中，单击【文件】菜单→【新建】→【文件夹】命令，如图 3-9 所示。

图 3-9 新建文件夹

新建文件夹此时默认名称为【新建文件夹】，如图 3-10 所示。

为文件夹输入一个新文件夹名称，然后单击工作区空白处即可，如图 3-11 所示。

3.3.4 移动或复制文件或文件夹

（1）在 Windows XP 中，有一个临时存放移动或复制信息的地方，称为剪贴板。Windows 应用程序中，几乎都有一个【编辑】菜单，该菜单中一般都有【剪切】、【复制】和【粘贴】三项功能，它们是使用剪贴板的三项基本操作。

- 剪切：是将要移动的内容或对象的相关信息剪切到剪贴板上，源内容或源对象在执行完【粘贴】操作后被删除。
- 复制：是将要复制的内容或对象的相关信息复制到剪贴板上，源内容或源对象在执行完【粘贴】操作后仍存在。

图3-10　新文件夹

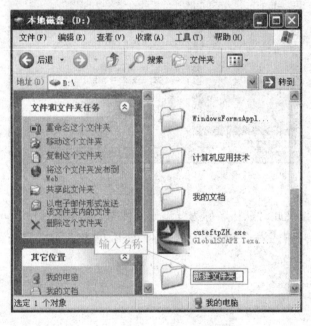

图3-11　重命名文件夹

● 粘贴：是将剪贴板上的内容或信息所描述的对象粘贴到目标文档、目标应用程序或目标文件夹中。

（2）在应用程序窗口中一般会有剪切⬛、复制⬛、粘贴⬛工具按钮，使用它们能更方便快捷地完成剪切、复制和粘贴操作。【剪切】、【复制】、【粘贴】操作分别对应〈Ctrl + X〉、〈Ctrl + C〉、〈Ctrl + V〉的快捷键操作。

（3）移动和复制文件或文件夹，可以用命令或用鼠标直接拖动的方法来实现：

1）用命令方式移动或复制源文件或文件夹，具体操作步骤如下：

步骤1 选中需要移动或复制的文件夹或源文件，如图3-12所示。

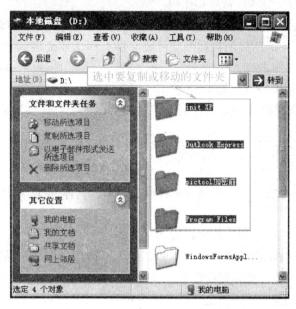

图3-12 选中要复制的文件和文件夹

步骤2 将选定的源文件或文件夹的信息剪切或复制到剪贴板，可以选择下列操作之一：

● 单击【编辑】菜单→【剪切】或【复制】命令，如图3-13所示。

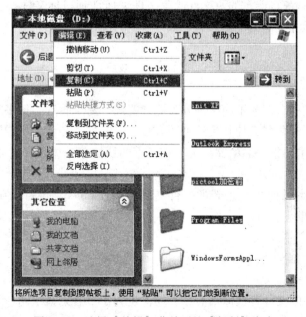

图3-13 选择【编辑】菜单下的【复制】命令

- 右键单击选中文件或文件夹图标，在弹出的快捷菜单中选择【剪切】或【复制】命令。
- 单击工具栏上的【剪切】或【复制】按钮。
- 按下组合键：〈Ctrl + X〉或〈Ctrl + C〉。

在资源管理器左窗口，选择要剪切或复制到的目标驱动器或文件夹。

把剪贴板中的信息所描述的文件或文件夹移动或复制到目标驱动器或目标文件夹中，可以选择下列操作之一：

- 单击【编辑】菜单→【粘贴】命令。
- 右键单击目标驱动器或目标文件夹工作区的空白区域，在其快捷菜单中选择【粘贴】命令。
- 单击工具栏上的【粘贴】按钮。
- 按下组合键〈Ctrl + V〉。

2）用拖曳鼠标的方法移动或复制源文件或文件夹，具体操作方法如下：

方法 1

选中要移动或复制的源文件或源文件夹。

将鼠标指针指向所选择的文件或文件夹，按住鼠标左键将选定的源文件或源文件夹拖曳到目标文件夹中，但拖动时要视下面两种目标位置的不同情况进行不同的操作：

- 目标位置与源位置为不同磁盘，则将选中对象直接拖至目标位置即可。
- 目标位置与源位置为同一磁盘，复制时要按住〈Ctrl〉键再进行拖动，拖至目标位置即可。

方法 2

选中要移动或复制的源文件或源文件夹。

用鼠标右键将选定的源文件或源文件夹拖动到目标文件夹后，释放鼠标，在弹出的快捷菜单中选择【复制到当前位置】。

3.3.5 文件和文件夹的重命名

在管理文件的过程中，为了使文件分类更加明确，易于管理，很多时候都需要重命名文件或文件夹，下面是重命名文件和文件夹的方法，以文件夹命名为例说明。

右键单击要重命名的文件夹，在弹出的快捷菜单中选择【重命名】命令，如图3-14 所示。

在文本编辑框内输入新的文件夹名，按〈Enter〉键，或在空白区单击鼠标左键，如图3-15 所示。

3.3.6 删除文件和文件夹

为了使计算机中的文件存放简洁有序，同时也为了节省磁盘空间，用户应该及时删除一些没用的文件或文件夹。

（1）如果要删除文件或文件夹，具体操作步骤如下：

图3-14 打开文件夹快捷菜单

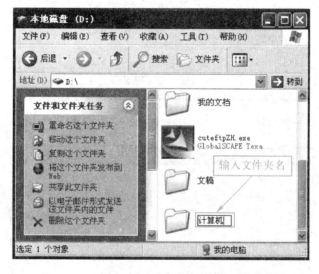

图3-15 重命名文件夹

步骤1 打开需要删除的文件或文件夹所在窗口，选中需要删除的文件或文件夹，如图3-16所示。

步骤2 按下〈Delete〉键或在【文件和文件夹任务】任务窗格中单击【删除所选项目】超链接，如图3-16所示。

步骤3 在弹出的【确认删除多个文件】对话框中单击 是(Y) 按钮，如图3-17所示。

（2）Windows XP 提供了一个特殊的文件夹【回收站】，如果不小心误删了文件，可以从【回收站】中将文件恢复，具体操作步骤如下：

步骤1 双击桌面上的【回收站】图标，打开【回收站】窗口。

步骤2 右键单击误删除的文件夹，在弹出的快捷菜单中单击【还原】命令，如图3-18所示，则该文件夹被恢复到删除前的位置。

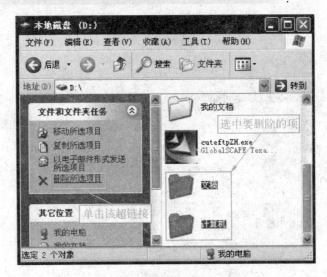

图 3-16　选择要删除的内容

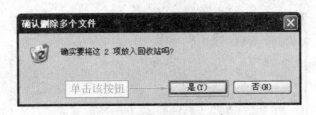

图 3-17　确认删除

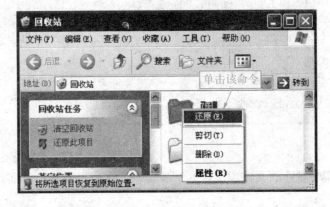

图 3-18　恢复删除的文件或文件夹

3.3.7　文件和文件夹的搜索

在使用计算机时，常会发生找不到某个文件或文件夹的情况，这时可借助 Windows XP 的搜索功能进行查找，具体操作步骤如下：

打开【我的电脑】窗口，然后单击工具栏中的【搜索】按钮，打开【搜索】任务窗格，如图 3-19 所示。也可单击【开始】菜单→【搜索】命令，打开【搜索结果】窗口。

操作提示 在对话框中选择需要的操作：

- 在【你要查找什么】下方单击所需的搜索选项，例如单击【所有文件和文件夹】选项，如图3-19所示。

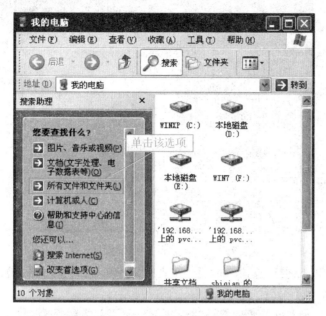

图3-19 打开【搜索】任务窗格

- 提示填写文件名等信息，在【全部或部分文件名】文本框中输入文件的名称，如"计算机应用技术"，如图3-20所示。

图3-20 选择搜索选项

- 在【在这里寻找】下拉式列表框中选择希望搜索的位置，这里单击【本地磁盘（D:）】选项，如图3-21所示。

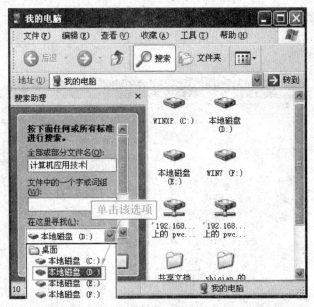

图 3-21　设置希望搜索的位置

- 单击【搜索】按钮，系统开始查找，并在右窗格中显示找到的文件或文件夹，如图 3-22 所示。

图 3-22　显示搜索结果

3.3.8　打开文件和文件夹

（1）打开文件或文件夹，具体操作方法如下：

方法 1

直接双击文件或文件夹图标，打开该文件或文件夹。

方法 2

在要打开的文件或文件夹图标上单击鼠标右键，弹出快捷菜单，选择【打开】命令，如图 3-23 所示。

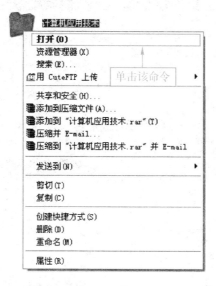

图 3-23　使用快捷菜单打开文件

方法 3

选中要打开的文件或文件夹后，按〈Enter〉键。

方法 4

选中要打开的文件或文件夹，单击【文件】菜单→【打开】命令，如图 3-24 所示。

图 3-24　通过菜单命令打开文件

（2）当需要以系统默认的程序打开文件时，可以选择其他的打开方式，例如用【写字板】打开【讲课】文件，具体操作步骤如下：

在要打开的文本文件【讲课】上单击鼠标右键，在快捷菜单中单击【打开方式】菜单→【选择程序】命令，如图 3-25 所示。

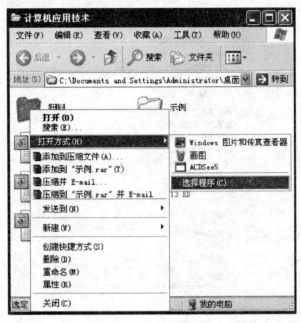

图 3-25　选择菜单命令

在打开的【打开方式】对话框中单击【写字板】选项，如图 3-26 所示。

图 3-26　【打开方式】对话框

单击 确定 按钮，即可在【写字板】程序中打开该文件，如图3-27所示。

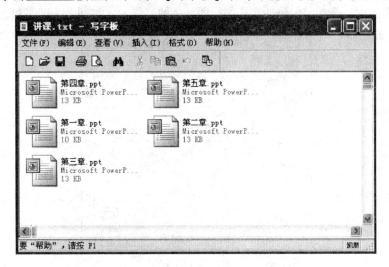

图3-27 用【写字板】打开文件

3.3.9 文件和文件夹属性的设置

1. 文件属性的设置

文件类型不同，【属性对话框】的选项卡也不同，一般有【常规】、【摘要】、【版本】及【自定义】等选项卡。

- 【常规】选项卡：显示文件的类型、打开方式、位置、大小、占用空间、创建时间、修改时间、访问时间和属性等，如图3-28所示。

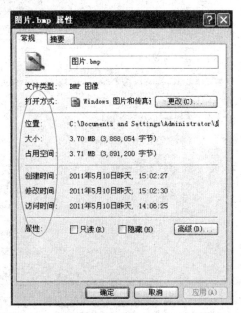

图3-28 【常规】选项卡

●【摘要】选项卡：在文件属性对话框中单击【摘要】选项卡，显示【摘要】选项卡，如图3-29所示。选项卡中包括文档的标题、主题、作者、类别、关键字和备注等信息。

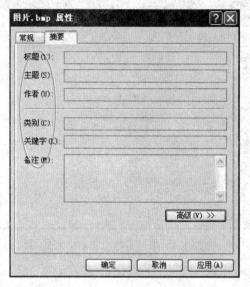

图3-29　【摘要】选项卡

2. 文件夹属性的设置

选择需要查看和修改属性的文件夹，进入文件夹属性对话框，选择需要的操作：

●【常规】选项卡：显示文件夹的类型、位置、大小、占用空间、包含文件及子文件夹数、创建的时间和属性等，文件夹的属性可以修改。如图3-30所示。

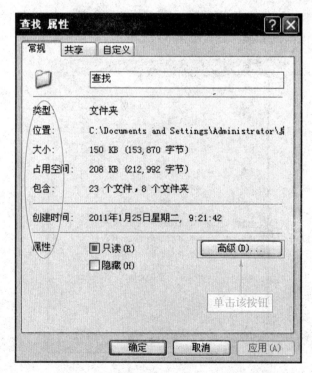

图3-30　文件夹属性对话框的【常规】选项卡

单击【高级】按钮，打开【高级属性】对话框，可以设置文件夹的【存档和编制索引属性】和【压缩或加密属性】。如图3-31所示。修改文件夹的属性，在属性栏中，选中要设置属性的复选框，单击【确定】按钮。

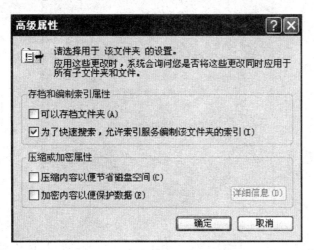

图3-31　【高级属性】对话框

- 【共享】选项卡：设置文件夹的共享属性，完成【本地共享和安全】和【网络共享和安全】设置，如图3-32所示。

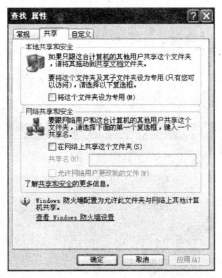

图3-32　【共享】选项卡

- 【自定义】选项卡：打开文件夹及子文件夹的模板，更改文件夹的图片和图表样式。

3.3.10　文件夹选项的设置

设置文件夹选项，可方便管理计算机中的文件和文件夹。单击【工具】菜单→【文件夹选项】命令，打开【文件夹选项】对话框。

（1）【常规】选项卡，如图3-33所示。

图 3-33 　【常规】选项卡

- 【我的电脑】默认情况下是按【在文件夹中显示常规任务】风格显示，即在【我的电脑】窗口出现信息区。
- 选中【使用 Windows 传统风格的文件夹】单选按钮，则显示传统风格。
- 选中【浏览文件夹】栏中的【在不同窗口中打开不同的文件夹】单选按钮，可在浏览文件夹时以多个窗口的形式浏览不同的文件夹。
- 打开项目方式有两种：【通过单击打开项目（指向时选定）】和【通过双击打开项目（单击时选定）】。
- 【还原为默认值】按钮：单击该按钮，可将所有的文件夹恢复为安装时的显示方式。

（2）【查看】选项卡，如图 3-34 所示。

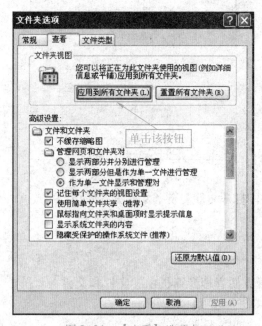

图 3-34 　【查看】选项卡

- 单击【文件夹视图】栏中的【应用到所有文件夹】按钮，可将当前文件夹的显示方式应用到所有文件夹。
- 在【高级设置】列表框中有一系列选项，用户可以根据需要进行选择。

（3）【文件类型】选项卡中列出了系统中目前已经注册的文件类型，如图 3-35 所示。用户可以单击【新建】按钮来增加新类型，也可以选择某一文件类型后单击【删除】按钮，删除该类型。

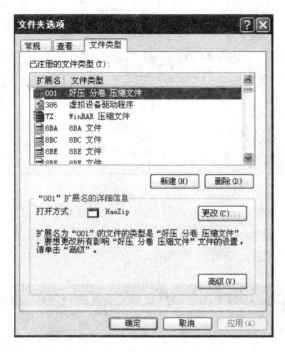

图 3-35　【文件类型】选项卡

3.4　回收站

回收站是 Windows XP 操作系统中非常实用的工具，下面将对该工具进行讲解。

3.4.1　认识回收站

从磁盘上删除的文件或文件夹等都将放入【回收站】中，【回收站】里的文件可以彻底删除或还原到原来的位置。如回收站的空间已满，再删除的文件或文件夹将不被放到回收站中，而是直接被彻底删除。

3.4.2　查看回收站中的文件

（1）执行删除文件后，双击桌面上的【回收站】图标，打开【回收站】窗口，可看到被删除的文件或文件夹，如图 3-36 所示。

图 3-36　【回收站】窗口

（2）单击【查看】菜单→【详细信息】命令，将显示每个文件或文件夹原来所在的位置、删除日期及大小等信息，如图 3-37 所示。

图 3-37　详细信息

3.4.3　还原被删除的文件或文件夹

【回收站】的一个重要功能是将已经删除的对象还原到删除前的位置，这样可避免因误操作而造成的损失，还原删除文件的具体操作步骤如下：

步骤1　打开【回收站】窗口，选中要恢复的文件或文件夹。

步骤 2 单击鼠标右键，在弹出的快捷菜单中，选择【还原】命令或单击左侧信息区中的【还原此项目】超链接，如图 3-38 所示，可将文件还原到被删除前的位置。

图 3-38　还原被删除文件

3.4.4　回收站中对象的删除与清空

在【回收站】中，可以将某些没有存在必要的对象永久删除，也可将整个【回收站】清空，具体操作方法如下：

方法 1

单击【回收站任务】列表中的【清空回收站】，即可彻底删除【回收站】中的文件。

方法 2

在【回收站】窗口中，单击【文件】菜单→【清空回收站】命令。

方法 3

右键单击【回收站】窗口的空白处，在弹出的快捷菜单中选择【清空回收站】命令。

方法 4

右键单击桌面上的【回收站】图标，在弹出的快捷菜单中选择【清空回收站】命令。

3.4.5　回收站属性的设置

（1）打开【回收站】属性对话框的具体操作方法如下：

方法 1

右键单击桌面上的【回收站】图标，在弹出的快捷菜单中，选择【属性】命令，打开【回收站 属性】对话框，如图 3-39 所示。

方法 2

打开【回收站】窗口，在窗口的空白处或标题栏的【控制菜单】按钮上单击鼠标右键，在弹出的快捷菜单中，选择【属性】命令。

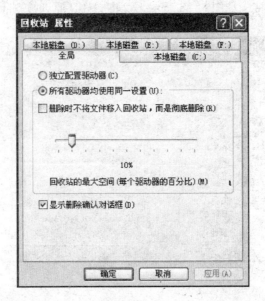

图 3-39 【回收站 属性】对话框

方法 3

当【资源管理器】或【我的电脑】窗口地址栏中的当前地址为【回收站】时，右键单击窗格空白处，在弹出的快捷菜单中选择【属性】命令，或单击【文件】菜单→【属性】命令，打开【回收站 属性】对话框。

对话框的选项卡随计算机中硬盘数目的不同而不同。比如本机有（C:）、（D:）、（E:）、（F:）硬盘，对话框就有【全局】和【（C:）】、【（D:）】、【（E:）】、【（F:）】选项卡，如图 3-39 所示。

（2）调整回收站的大小。

回收站的最大容量为磁盘空间乘以滑块显示的百分数，使用鼠标右键单击【回收站】图标，然后单击【属性】，拖动滑块增减磁盘空间的百分比，即可改变回收站的容量。

如果要对不同的磁盘进行不同的配置，单击【各驱动器的配置相互独立】，然后单击需要更改设置的磁盘标签。

3.5 安装、使用和卸载应用程序

下面将对安装、使用和卸载应用程序进行讲解。

3.5.1 安装新应用程序

安装软件不是简单地把组成软件的文件复制到硬盘中，而是要绑定到 Windows XP 上。

一般应用程序都配置了自动安装程序，将安装光盘放入光驱后，系统会自动运行它的程序。如果应用程序的安装程序没有自动运行，则需要在存放应用程序的文件夹中找到【Setup. exe】或【Install. exe】安装程序，双击它便可进行应用程序的安装操作。安装程序的图标如图3-40、图3-41所示。

图3-40　常见安装程序图标　　　　图3-41　一些程序特有的图标

如果要添加新程序，具体操作方法如下：

方法1

单击【开始】菜单→【控制面板】命令，如果是控制面板分类视图，单击【添加或删除程序】选项；如果是控制面板经典视图，直接双击【添加或删除程序】图标，打开【添加/删除程序】窗口。

单击【添加新程序】按钮，系统将引导用户从光盘或软盘中安装程序，或是从Internet上添加Windows功能、安装设备驱动器和进行系统更新。

方法2

通过双击软件提供商提供的扩展名为".exe"和".msi"的可执行安装文件，按照安装提示向导完成安装新程序的任务。这类安装软件的常用名称一般为Setup. exe、Install. exe、Setup. msi、Install. msi等。

3.5.2　使用应用程序

不同的应用程序功能不同，使用的方法也不同。

（1）要使用Windows Media Player播放MP3文件，具体操作步骤如下：

单击【开始】菜单→【所有程序】→【Windows Media Player】命令启动Windows Media Player程序。

单击Windows Media Player程序主窗口中右上角的▼按钮，单击【文件】菜单→【打开】命令，打开【打开】对话框，如图3-42所示。

在【打开】窗口的【查找范围】下拉列表框中找到需要播放的MP3文件并选中，然后单击【打开】按钮，如图3-43所示。

开始播放文件，单击【正在播放】选项卡，切换到【正在播放】标签，还可执行停止播放、暂停播放、播放下一首等操作。

（2）使用WinRAR压缩文件，具体操作步骤如下：

要压缩多个文件时，可先创建一个文件夹，然后将要压缩的文档移动到该文件夹中。

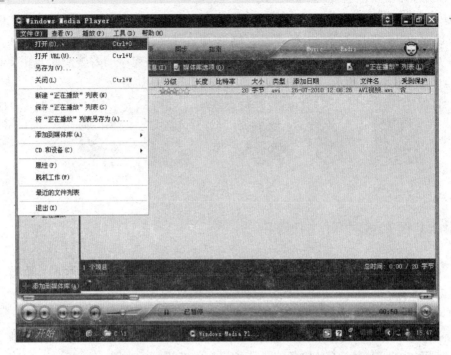

图3-42　选择【文件】菜单中的【打开】命令

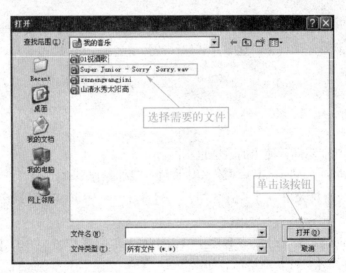

图3-43　【打开】对话框

右键单击需要压缩的文件夹，在快捷菜单中，选择【添加到 x x x.rar】命令，WinRAR 便会压缩该文件夹并生成一个压缩包（.rar）文件，以【歌曲】文件夹为例，如图3-44所示。

3.5.3　卸载应用程序

当安装的应用程序过多时，系统往往会变得迟缓，所以应该将不用的应用程序卸载，以节省磁盘空间和提高计算机性能。

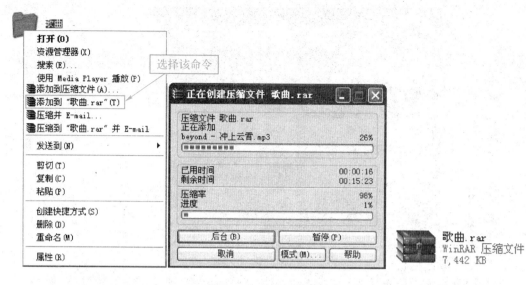

图 3-44　快速压缩文件

在 Windows XP 中，卸载应用程序的方法有两种：一种是使用【开始】菜单进行卸载，另一种是使用【添加/删除程序】进行卸载。

（1）使用【开始】菜单卸载程序，例如卸载 QQ 2010，具体操作如下：

单击【开始】菜单→【所有程序】→【腾讯软件】→【QQ 2010】→【卸载 QQ 2010】命令，如图 3-45 所示。

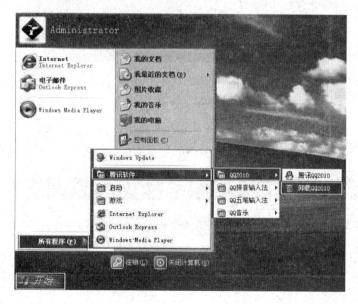

图 3-45　卸载 QQ 2010

（2）使用【添加/删除程序】功能，具体操作步骤如下：

步骤1 单击【开始】菜单→【控制面板】命令，打开【控制面板】窗口，如图 3-46 所示。

图 3-46　【控制面板】窗口

步骤 2 在分类视图中单击【添加/删除程序】超链接或在经典视图中双击【添加或删除程序】项，打开【添加或删除程序】对话框。选择要卸载的应用程序，然后单击【删除】按钮，如图 3-47 所示。

图 3-47　选择要卸载的应用程序

一般为防止用户误删除，大部分软件还会给出"确认"对话框，如图 3-48 所示。

图 3-48　"删除确认"对话框

3.5.4　在桌面上创建快捷方式

对于经常使用的程序，用户可以在桌面上创建它的快捷方式，这样，只要双击快捷方式图标就可以直接打开对应的程序，例如在桌面上创建 Word 程序的快捷图标，具体操作方法如下：

方法1

步骤1 单击【开始】菜单→【所有程序】→【Microsoft Office】→【Microsoft Office Word 2003】命令。

步骤2 按住〈Ctrl〉键将【Microsoft Office Word 2003】命令拖动到桌面上，或右键单击【Microsoft Office Word 2003】命令，在弹出的快捷菜单中选择【发送到】→【桌面快捷方式】命令，如图3-49所示。

图3-49 通过【开始】菜单创建快捷方式

方法2

步骤1 双击桌面上【我的电脑】图标，打开【我的电脑】窗口。

步骤2 双击打开【C:\Program Files\Microsoft Office\Office11】文件夹。

步骤3 右键单击 WINWORD.exe 图标，在弹出的快捷菜单中选择【发送到】→【桌面快捷方式】命令。

3.5.5 任务管理器

Windows 任务管理器提供了有关计算机性能的信息，并显示计算机上所运行的程序和进程的详细信息。如果连接到网络，还可以查看网络状态并迅速了解网络是如何工作的。它的用户界面提供了【文件】、【选项】、【查看】、【窗口】、【关机】及【帮助】等六大菜单项，其下还有【应用程序】、【进程】、【性能】、【联网】、【用户】等5个选项卡，窗口底部则是状态栏，从这里可以查看到当前系统的进程数、CPU 使用率、更改的内存容量等数据。

（1）打开任务管理器，具体操作方法如下：

方法1

按下〈Ctrl + Alt + Delete〉或〈Ctrl + Shift + Esc〉组合键。

方法 2

用鼠标右键单击任务栏，在快捷菜单中选择【任务管理器】，如图 3-50 所示。

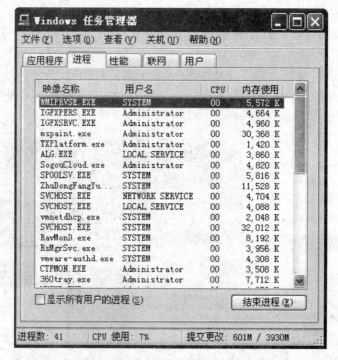

图 3-50　【Windows 任务管理器】对话框

（2）任务管理器各选项的功能如下：

- 应用程序选项卡：显示当前运行的应用程序，用户可以查看系统中各个应用程序的状态、关闭正在运行的应用程序、切换其他应用程序和启动新的应用程序。
- 进程选项卡：查看各个进程的名称及进程的一些详细信息。
- 联网选项卡：查看网络的链接速度、使用情况和状态。
- 性能选项卡：查看计算机的系统资源。
- 用户选项卡：查看用户情况。

3.6　磁盘管理

磁盘管理对于优化操作系统，提升磁盘空间利用率有非常重要的作用，下面将对其进行讲解。

3.6.1　格式化磁盘

格式化操作会删除磁盘上的所有数据，并重新创建文件分配表。格式化还可以检查磁盘上是否有坏的扇区，并将坏扇区标出，以后存放数据时会绕过这些坏扇区。一般新的硬盘都没有格式化过，在安装 Windows XP 等操作系统时必须先对其进行分区并格式化。

（1）利用【我的电脑】格式化磁盘，具体操作步骤如下：

步骤1 双击桌面上的【我的电脑】图标，打开【我的电脑】窗口。

步骤2 选择要格式化的磁盘驱动器。

步骤3 右键单击相应的驱动器图标，在弹出的快捷菜单中选择【格式化】命令或单击【文件】菜单→【格式化】命令，打开【格式化】对话框，如图 3-51 所示。

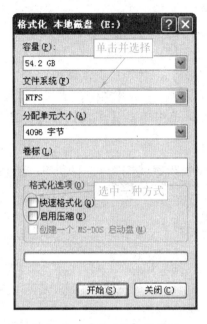

图 3-51 【格式化】对话框

步骤4 在【文件系统】下拉列表框中选择要格式化的文件系统。

步骤5 在【格式化选项】中选择一种格式化方式（选择快速格式化就是删除磁盘上的所有文件，但不对磁盘上的坏扇区扫描。只有对已经格式化过，而且确认没有损伤的磁盘才能选择此项。不能对一个从未进行过格式化的磁盘或者有坏扇区的磁盘选择快速格式化）。

步骤6 如果要给磁盘加卷标，可以在【卷标】文本框中输入所需要描述的文字。

步骤7 设置好其他参数后，单击【开始】按钮，弹出一个警告对话框，如图 3-52 所示。

图 3-52 警告对话框

步骤8 单击【确定】按钮，开始进行格式化。格式化完成后，屏幕上将报告格式化结果。单击【确定】按钮，完成格式化操作。

（2）利用【资源管理器】格式化磁盘，具体操作如下：

【资源管理器】和【我的电脑】一样具有格式化磁盘、复制磁盘等功能。如果需要格式化磁盘，启动资源管理器以后，选择要格式化的磁盘驱动器图标，单击【文件】菜单，弹出它的下拉菜单，在【资源管理器】的左窗口或右窗口，右键单击要格式化的磁盘驱动器图标，弹出快捷菜单，以下操作方法与【我的电脑】中的操作完全相同。如图3-51所示。

3.6.2　查看和检测磁盘状态

（1）如果要查看磁盘信息，具体操作步骤如下：

右键单击磁盘盘符，单击【文件】菜单→【属性】命令或在右窗格中右键单击磁盘盘符，在弹出的快捷菜单中单击【属性】命令，打开【属性】对话框，如图3-53所示。

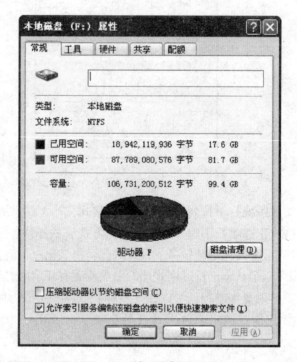

图3-53　【属性】对话框

单击【常规】选项卡，可以查看磁盘的类型、文件系统的类型、磁盘的总空间、已用空间和可用空间等情况，还可以设置或修改磁盘的卷标名。

（2）利用磁盘扫描程序可以检测、诊断和修复磁盘错误。使用磁盘扫描程序检查磁盘的具体操作步骤如下：

打开【属性】对话框，单击【工具】选项卡，如图3-54所示。

单击【开始检查】按钮，打开【检查磁盘】对话框，如图3-55所示。

单击【开始】按钮，开始磁盘扫描。

步骤二 磁盘扫描结束后，系统将弹出一个完成磁盘检查的提示信息框。单击【确定】按钮，即可退出扫描程序，返回到该磁盘驱动器的【属性】对话框。

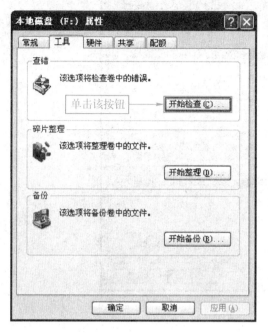

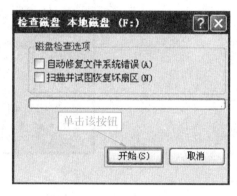

图 3-54 【属性】对话框的【工具】选项卡   图 3-55 【检查磁盘】对话框

3.6.3 清理磁盘和碎片整理

1. 磁盘清理

磁盘清理可以释放硬盘上的空间。在进行磁盘清理时，磁盘清理程序扫描硬盘驱动器，并列出那些可以删除的文件，如已下载的程序文件、回收站里的文件、Internet 临时文件及其他临时文件等。删除这些文件并不影响系统的正常运行。

如果要对磁盘清理，具体操作步骤如下：

步骤一 单击【开始】菜单→【所有程序】→【附件】→【系统工具】→【磁盘清理】命令，打开【选择驱动器】对话框，如图 3-56 所示。

步骤二 在驱动器下拉列表框中选择要清理的磁盘，单击【确定】按钮，打开【磁盘清理】对话框，如图 3-57 所示。

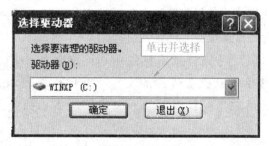

图 3-56 【选择驱动器】对话框

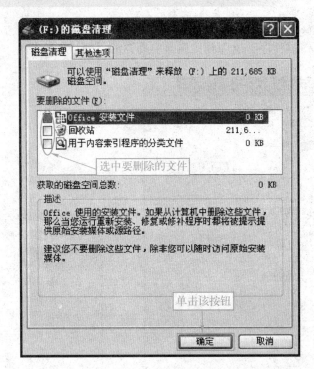

图 3-57 【磁盘清理】对话框

单击【磁盘清理】选项卡，在【要删除的文件】列表框中选择要清理（删除）的文件，单击【确定】按钮。如果要删除 Windows XP 不使用的组件或不需要的应用软件，可以单击【其他选项】选项卡，进行清理操作。

2. 磁盘碎片的整理

计算机系统在长时间的使用之后，由于反复删除、安装应用程序等操作，磁盘可能会被分割成许多碎片，计算机的运行速度越来越慢，用户可以通过系统提供的【磁盘碎片整理】功能，改善磁盘的性能。

如果要对磁盘碎片进行整理，具体操作步骤如下：

单击【开始】菜单→【所有程序】→【附件】→【系统工具】→【磁盘碎片整理程序】命令，打开【磁盘碎片整理程序】窗口，如图 3-58 所示。

选择要整理的驱动器，单击【碎片整理】按钮，系统开始整理碎片，操作结束后，屏幕上出现如图 3-59 所示的【已完成碎片整理】对话框。如果不需要查看碎片情况，则单击【关闭】按钮即可。如果需要查看分析报告，则单击【查看报告】按钮，打开【分析报告】对话框，对磁盘整理情况进行分析。

分析完成后，【分析显示】区用不同颜色的小块表示不同的磁盘整理的状态，其中红色小块表示带有磁盘碎片的文件，蓝色小块表示是连续的文件（即没有碎片），白色小块表示是磁盘的自由空间，绿色小块表示此处是系统文件（不能整理和移动）。

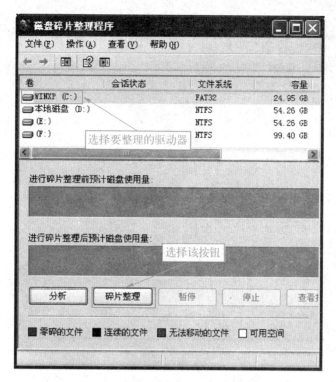

图 3-58　【磁盘碎片整理程序】窗口

图 3-59　【已完成碎片整理】对话框

3.6.4　备份与系统还原

使用计算机过程中，难免会出现各种问题，可能使系统遭到损害，用户可以利用系统提供的备份与系统还原工具保护数据。

1. 使用备份工具

使用备份工具可以备份计算机中的系统文件，以及其他各类文件，具体操作步骤如下：

步骤1　单击【开始】菜单→【所有程序】→【附件】→【系统工具】→【备份】命令，打开【备份或还原向导】对话框，单击【高级模式】，打开【备份工具】对话框，并切换到【备份】选项卡，如图 3-60 所示。

步骤2　选中左侧窗格中的【Systen State】复选框，选中该复选框后，备份工具将备份注册表文件、系统启动文件等内容。

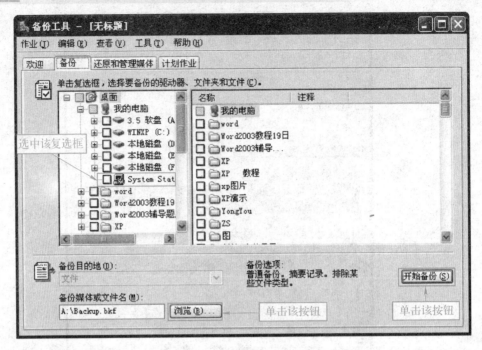

图 3-60 【备份】选项卡

单击【浏览】按钮，在打开的对话框中设置备份文件的保存路径，然后回到【备份】选项卡，最后单击【开始备份】按钮。

打开【备份作业信息】对话框，在该对话框中输入对此次备份的描述，然后单击【高级】按钮，取消选取【自动备份带有系统状态的系统保护文件】，设置好后单击【确定】按钮回到【备份作业】对话框。

在【备份作业信息】对话框中单击【开始备份】按钮，程序开始备份，结束时将出现一个备份报告。单击【关闭】按钮即可。

2. 使用系统还原工具

（1）创建还原点，具体操作步骤如下：

单击【开始】菜单→【所有程序】→【附件】→【系统工具】→【系统还原】命令，打开【系统还原】对话框，选中【创建一个还原点】单选按钮，如图 3-61 所示，单击【下一步】按钮，打开【创建一个还原点】对话框，如图 3-62 所示。

在【还原点描述】文本框中输入还原点的描述信息，单击【创建】按钮，打开【还原点已创建】窗口，如图 3-63 所示。

该窗口显示了系统还原点的创建时间及描述，单击【关闭】按钮，关闭【系统还原】对话框。

（2）如果要还原系统，具体操作步骤如下：

打开【系统还原】对话框，选中【恢复我的计算机到较早的时间】单选按钮，单击【下一步】按钮，如图 3-61 所示。

在打开的对话框中选择带有还原点的日期，然后在右侧选择某一个还原点，单击【下一步】按钮，如图 3-64 所示。

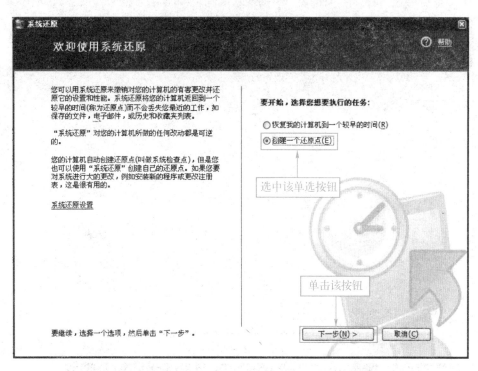

图 3-61 【系统还原】对话框

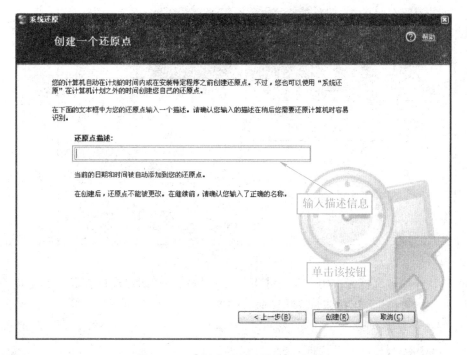

图 3-62 【创建一个还原点】对话框

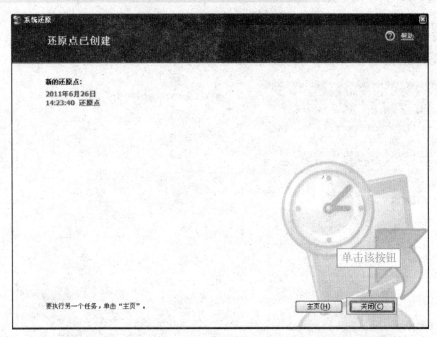

图 3-63 【还原点已创建】窗口

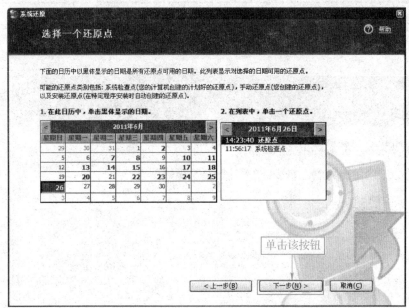

图 3-64 选择带有还原点的日期

确认还原点选择无误后，单击【下一步】按钮，重新启动计算机，出现对话框提示还原成功，单击【确定】按钮，完成还原。

3.7 上机练习

1. 利用【发送到】命令，创建"关于天宇"文件的快捷方式到桌面，并隐藏窗口查看效果。

2. 在"C:\图片"文件夹下新建一个图像文件"绘图.bmp"。

3. 请设置实现"我的文档"中"我的音乐"的共享，共享名为"我的音乐"。

4. 将C盘下的文件夹"天宇"的属性设置为"只读"，并将此项设置应用于该文件夹及其子文件夹和文件中。

5. 设置在标题栏中显示完整路径，再隐藏已知文件类型的扩展名。

6. 同时选中C盘根目录下的"我的练习"和"3"文件夹。

7. 取消对第一、五、八文件夹的选定。

8. 在C盘根目录下建立文件夹"素材"。

9. 将"C:\素材"发送到"压缩文件夹"。

10. 在打开的【我的文档】窗口中有的对象已经被选择，请利用窗口菜单将没有选择的对象选择，而将已经选择的对象退选。

11. 利用【资源管理器】将"我的文档\竞选"文件夹复制到C盘根文件夹中。

12. 利用【资源管理器】打开"C:\娱乐"文件夹，将其中的"test 1"文件移动到C盘根目录下（不能使用鼠标拖动）。

13. 将"C:\成绩表1.xls"移动到"C:\素材"文件夹中。

14. 不开启新窗口，使用工具栏直接将【我的文档】窗口切换到【资源管理器】窗口中。

15. 将C盘的文件夹"测试"重命名为"test"。

16. 在【我的文档】窗口，请利用窗口信息删除"联系电话"文件夹，然后将窗口关闭。

17. 通过【我的电脑】对C盘进行磁盘清理。

18. 设置删除时不将文件移入回收站，而是彻底删除，并显示【删除确认】对话框。

19. 打开【我的电脑】对C盘进行磁盘清理，同时删除回收站中的文件。

20. 搜索C盘上名称为两个字符并且第二个字符为x的文件。

21. 请利用C盘窗口为系统安装新字体"华文新魏"，字体文件为"D:\华文新魏"（窗口的切换通过地址栏跳转）。

22. 将"天宇考王.doc"文件通过属性命令设置为用记事本打开，要求设置该格式文件以后都用记事本打开。

23. 通过【我的电脑】打开【资源管理器】，利用【资源管理器】在C盘根目录下创建名为"职称考试"的文件夹。

24. 使用鼠标拖动的方式复制D盘中的【我的文档】文件夹到C盘中，并用浏览栏查看C盘。

25. 通过【开始】菜单打开【资源管理器】，通过浏览栏打开C盘，将C盘中的"我的练习"文件改名为"考试"。

26. 请将资源管理器的文件按照名称进行分组排列。

27. 请将C盘根目录文件夹下的【我的图片】文件夹下的"风景图片"的属性设置为"只读"，并在网上共享该文件夹，共享名为"桌面背景图片"。

28. 在【我的电脑】窗口，请利用文件夹选项命令创建新的DMT类型文件，并且设置图标为任务栏上"如图所示"的图片样式。

29. 请设置回收站属性，使得它在本地磁盘 C 中最大占用的空间为"10%"。

30. 打开【回收站】，并查看【回收站】中项目的详细信息。

31. 请将回收站中文件名以"我"开头的所有文件还原。

32. 请利用【我的电脑】将本地磁盘 E 格式化。

33. 通过【我的电脑】对 C 盘进行碎片整理。

34. 查看当前计算机的联网状态。

35. 在【任务管理器】中关闭"我的文本文档"。

上机操作提示（具体操作详见随书光盘中【手把手教学】第 3 章 01 ~ 35 题）

1. ▭ 右键单击【关于天宇.doc】图标，在弹出的快捷菜单中，选择【发送到】→【桌面快捷方式】命令。

▭ 单击【最小化】按钮。

2. ▭ 单击【文件】菜单→【新建】→【BMP 图像】命令。

▭ 在文本框中输入"绘图.bmp"。

▭ 单击工作区内空白处或按〈Enter〉键。

3. ▭ 双击【我的文档】文件夹。

▭ 右键单击【我的音乐】文件夹，在弹出的快捷菜单中选择【属性】命令，打开【我的音乐 属性】对话框。

▭ 单击【共享】选项卡，选中【在网络上共享这个文件夹】复选框。

▭ 单击【确定】按钮。

4. ▭ 双击桌面【我的电脑】图标。

▭ 双击【本地磁盘（C:）】图标。

▭ 右键单击【天宇】文件夹，在弹出的快捷菜单中选择【属性】命令，打开【天宇 属性】对话框。

▭ 选中【只读】复选框。

▭ 单击【确定】按钮，选中【将更改应用于该文件夹、子文件夹和文件】单选按钮。

▭ 单击【确定】按钮。

5. ▭ 单击【工具】菜单→【文件夹选项】命令，打开【文件夹选项】对话框。

▭ 单击【查看】选项卡，选中【在标题栏显示完全路径】复选框。

▭ 选中【隐藏已知文件类型的扩展名】复选框。

▭ 单击【确定】按钮。

6. ▭ 单击【我的练习】文件夹。

▭ 按〈Ctrl〉键，同时单击【3】文件夹。

7. ▭ 按〈Ctrl〉键，同时单击取消【第一个】文件夹。

▭ 按〈Ctrl〉键，同时单击取消【第五个】文件夹。

▭ 按〈Ctrl〉键，同时单击取消【第八个】文件夹。

8. 步骤1 单击【文件】菜单→【新建】→【文件夹】命令。

步骤2 在文本框中输入"素材"。

步骤3 单击窗口空白处或按〈Enter〉键。

9. 步骤1 单击【素材】文件夹。

步骤2 单击【文件】菜单→【发送到】→【压缩文件夹】命令。

10. 步骤1 单击【编辑】菜单→【反向选择】命令。

11. 步骤1 单击【竞选】文件夹。

步骤2 在"竞选"文件夹上按下鼠标左键，拖曳到"本地磁盘（C:）"上，释放鼠标。

12. 步骤1 单击【文件夹】列表中的【本地磁盘（C:）】。

步骤2 单击【文件夹】列表中的【娱乐】文件夹。

步骤3 单击【test 1】文件。

步骤4 单击【编辑】菜单→【剪切】命令。

步骤5 单击【文件夹】列表下的【本地磁盘（C:）】。

步骤6 单击【编辑】菜单→【粘贴】命令。

步骤7 单击工作区空白处。

13. 步骤1 单击【成绩表 1. xls】文件。

步骤2 单击工具栏上的【移至】按钮，弹出【移动项目】对话框。

步骤3 单击对话框中的【素材】文件夹。

步骤4 单击【移动】按钮。

14. 步骤1 单击工具栏上的【文件夹】按钮。

15. 步骤1 单击【测试】文件夹。

步骤2 单击【文件】菜单→【重命名】命令。

步骤3 在文本框中输入"test"。

步骤4 单击工作区内空白处或按〈Enter〉键。

16. 步骤1 单击【联系电话】文件夹。

步骤2 单击【文件和文件夹任务】列表下的【删除这个文件夹】。

步骤3 单击【是】按钮。

步骤4 单击【文件】菜单→【关闭】命令。

17. 步骤1 双击【我的电脑】图标，打开【我的电脑】窗口。

步骤2 右键单击【本地磁盘（C:）】，在弹出的快捷菜单中选择【属性】命令，打开【本地磁盘（C:）属性】对话框。

步骤3 单击【磁盘清理】按钮，弹出【（C:）的磁盘清理】对话框。

步骤4 单击【确定】按钮。

步骤5 单击【是】按钮。

18. 步骤1 右键单击【回收站】，在弹出的快捷菜单中选择【属性】命令，打开【回收站 属性】对话框。

步骤2 选中【删除时不将文件移入回收站，而是彻底删除】复选框。

步骤3 选中【显示删除确认对话框】复选框。

步骤4 单击【确定】按钮。

19. 步骤1 双击桌面【我的电脑】图标，打开【我的电脑】窗口。

步骤2 单击【本地磁盘（C:）】图标。

步骤3 单击【文件】菜单→【属性】命令，打开【本地磁盘（C:）属性】对话框。

步骤4 单击【磁盘清理】按钮，弹出【（C:）磁盘清理】对话框。

步骤5 选中【回收站】复选框，单击【确定】按钮。

步骤6 单击【是】按钮，单击【确定】按钮。

20. 步骤1 在【全部或部分文件名】文本框中输入"? x. *"。

步骤2 单击【在这里寻找】下拉列表框，选择【本地磁盘（C:）】。

步骤3 单击【搜索】按钮。

21. 步骤1 单击【Windows】文件夹。

步骤2 单击【文件】菜单→【打开】命令。

步骤3 单击【Fonts】文件夹。

步骤4 单击【文件】菜单→【打开】命令。

步骤5 单击【文件】菜单→【安装新字体】命令，打开【添加字体】对话框。

步骤6 在【添加字体】对话框中，单击【驱动器】下拉式列表框，选择【d:】。

步骤7 在【字体列表】中选择【华文新魏（TrueType）】。

22. 步骤1 单击【更改】按钮，打开【打开方式】对话框。

步骤2 单击【程序】列表中的【记事本】，单击【确定】按钮。

23. 步骤1 右键单击【我的电脑】，在弹出的快捷菜单中单击【资源管理器】命令，打开【资源管理器】窗口。

步骤2 单击【文件夹】列表中的【TY】图标。单击【文件】菜单→【新建】→【文件夹】。

步骤3 修改文件夹名称为【职称考试】。

步骤4 单击工作区空白处或按〈Enter〉键。

24. 步骤1 选中【我的文档】，拖曳【我的文档】到【本地磁盘（C:）】中。

步骤2 单击【本地磁盘（C:）】前面的【+】。

25. 步骤1 单击【开始】菜单→【所有程序】→【附件】→【Windows 资源管理器】命令，打开【我的文档】窗口。

步骤2 单击【文件夹】列表中的【我的电脑】，打开【我的电脑】窗口。

步骤3 单击【文件夹】列表中的【TY（C:）】，打开【TY（C:）】窗口。

步骤4 单击工作区中的【我的练习】文件夹，单击【文件】菜单→【重命名】命令，修改文件夹名称为【考试】，单击工作区空白处或按〈Enter〉键。

26. 步骤1 单击【查看】菜单→【排列图标】→【名称】命令。

步骤2 单击【查看】菜单→【排列图标】→【按组排列】命令。

27.　**步骤1**　单击【文件夹】列表中的【本地磁盘（C:）】，单击【我的图片】文件夹，单击【文件】菜单→【打开】命令。

步骤2　单击【风景图片】文件夹，单击【文件】菜单→【属性】命令，打开【风景图片 属性】对话框。

步骤3　选中【只读】复选框，单击【共享】选项卡，选中【在网络上共享这个文件夹】复选框，修改【共享名】为【桌面背景图片】。

步骤4　单击【确定】按钮，打开【确认属性更改】对话框。

步骤5　单击【确定】按钮，单击工作区空白处或按〈Enter〉键。

28.　**步骤1**　单击任务栏中的【如图所示.jpg】按钮，单击任务栏中的【我的电脑】按钮。

步骤2　单击【工具】菜单→【文件夹选项】命令，打开【文件夹选项】对话框。

步骤3　单击【文件类型】选项卡，单击【新建】按钮，打开【新建扩展名】对话框，在【文件扩展名】文本框中输入"DMT"。

步骤4　单击【确定】按钮，单击【已注册的文件类型】列表中的【DMT 文件】，单击【高级】按钮，打开【编辑文件类型】对话框。

步骤5　单击【更改图标】按钮，打开【更改图标】对话框，向右拖曳滚动条，选中【第四行第二列】的图标，单击【确定】按钮。

步骤6　单击【确定】按钮。

步骤7　单击【关闭】按钮。

29.　**步骤1**　右键单击桌面上的【回收站】图标，在弹出的快捷菜单中单击【属性】命令，打开【回收站 属性】对话框。

步骤2　选中【独立配置驱动器】单选按钮，单击【本地磁盘】选项卡，将滑块拖曳至【占用百分比】为【10%】。

步骤3　单击【确定】按钮。

30.　**步骤1**　双击桌面上的【回收站】图标，打开【回收站】窗口。

步骤2　单击【查看】菜单→【详细信息】命令。

31.　**步骤1**　单击【开始】菜单→【搜索】命令，打开【搜索结果】窗口。

步骤2　单击【所有文件和文件夹】，单击【在这里寻找】下拉式列表框，在弹出的列表中选择【浏览】，打开【浏览文件夹】对话框。

步骤3　单击【选择搜索目录】列表框中的【回收站】，单击【确定】按钮。

步骤4　在【全部或部分文件名】文本框中输入"我*"，单击【搜索】按钮。

步骤5　单击【我的视频】文件夹，单击【文件】菜单→【还原】命令。单击【我的图片】文件夹，单击【文件】菜单→【还原】命令，单击工作区空白处。

32.　**步骤1**　双击桌面上的【我的电脑】图标，打开【我的电脑】窗口。

步骤2　右键单击【本地磁盘（E:）】，在弹出的快捷菜单中选择【格式化】，打开的【格式化 本地磁盘（E:）】对话框。

步骤3　单击【开始】按钮，弹出【格式化 本地磁盘（E:）】警告框。

步骤4　单击【确定】按钮，弹出【正在格式化 本地磁盘（E:）】对话框。

步骤三 单击【确定】按钮，单击编辑区空白处。

33. 步骤一 双击桌面上的【我的电脑】图标，打开【我的电脑】窗口。

步骤二 右键单击【本地磁盘（C:）】，在弹出的快捷菜单中选择【属性】，打开【本地磁盘（C:）属性】对话框。

步骤三 单击【工具】选项卡，单击【开始整理】按钮，打开【磁盘碎片整理程序】对话框。

步骤四 单击【碎片整理】按钮，弹出【磁盘碎片整理程序】对话框。

步骤五 单击【是】按钮。

34. 步骤一 右键单击任务栏，在弹出的快捷菜单中单击【任务管理器】命令，打开【任务管理器】对话框。

步骤二 单击【联网】选项卡。

35. 步骤一 单击【我的文本文档 – 记事本】，单击【结束任务】按钮。

第4章 Windows XP系统设置与管理

【控制面板】是 Windows XP 的功能控制和系统配置中心，通过控制面板可以对 Windows 的外观和行为方式进行设置与管理。

4.1 【控制面板】的启动及样式

通过【开始】菜单的【控制面板】命令，打开【控制面板】窗口，首次打开时，将看到如图 4-1 所示的【控制面板】分类视图，其中只有最常用的项，这些项目按照不同类别进行排列。

在分类视图下，用鼠标指针指向某图标或类别名称，可查看【控制面板】中某一项目的详细信息。单击项目图标或类别名，可打开该项目。部分项目会打开可执行的任务列表和选择的单个控制面板项目。

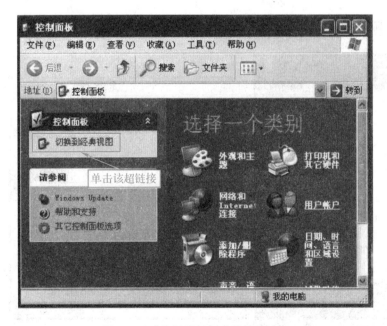

图 4-1 【控制面板】分类视图窗口

如果打开【控制面板】时没有看到所需的项目，在【控制面板】任务窗格中单击【切换到经典视图】超链接，即可打开【控制面板】经典视图窗口，如图 4-2 所示。双击项目图标打开该项目。

图 4-2　【控制面板】经典视图窗口

4.1.1　启动【控制面板】

启动【控制面板】有很多种方法，具体操作如下：

方法 1

单击【开始】菜单→【控制面板】命令，启动【控制面板】，如图 4-3 所示。

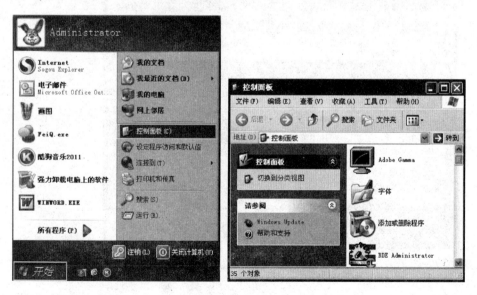

图 4-3　利用【开始】菜单启动【控制面板】

方法 2

双击桌面上的【我的电脑】图标，打开【我的电脑】窗口，单击左窗格中的【控制面板】超链接，启动【控制面板】，如图4-4所示。

图4-4　利用【我的电脑】启动【控制面板】

方法3

右键单击桌面上的【我的电脑】图标，在弹出的快捷菜单中，选择【资源管理器】命令，单击【资源管理器】左窗格中的【控制面板】超链接。如图4-5所示。

图4-5　利用【资源管理器】启动【控制面板】

4.1.2　【控制面板】的两种样式

【控制面板】中有分类视图和经典视图模式，两种视图之间可以随意切换，其实现功能是相同的。如图4-6所示为分类视图，图4-7所示为经典视图。

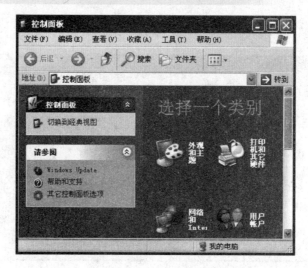

图 4-6 【分类视图】模式

图 4-7 【经典视图】模式

4.2 设置 Windows XP 桌面

利用【控制面板】和桌面快捷方式可以设置桌面的主题、背景、屏幕保护程序、显示外观、分辨率和颜色等属性。

4.2.1 设置桌面主题

下面以将 Windows XP 的主题设置为【Windows 经典】为例，具体操作步骤如下：

打开【显示 属性】对话框，请选择下列操作之一：

● 右键单击桌面空白处，在弹出的快捷菜单中单击【属性】命令，打开【显示 属性】
对话框，如图 4-8 所示。

● 单击【开始】菜单→【控制面板】命令，打开【控制面板】窗口，单击【外观和主
题】超链接（在分类视图模式中进行此操作，若在经典视图模式中，需切换到分类
视图模式），打开【外观和主题】窗口，如图 4-8 所示。单击【更改计算机的主题】
超链接，打开【显示 属性】对话框。如图 4-9 所示。

图 4-8 　【外观和主题】窗口

图 4-9 　【显示 属性】对话框

单击【主题】选项卡，单击【主题】下拉列表框，在弹出的下拉列表框中选择
【Windows 经典】选项，此时【示例】列表框中将显示设置后的效果，如图 4-10 所示。

图4-10 【主题】选项卡

单击【确定】或【应用】按钮，则将桌面主题切换到【Windows 经典】主题画面。

4.2.2 设置桌面背景

Windows XP 的桌面背景可以根据用户的喜爱自行设置，具体操作方法如下：

方法1

单击【控制面板】窗口中的【外观和主题】图标，打开【外观和主题】窗口，单击【更改桌面背景】图标，打开【显示 属性】对话框，单击【桌面】选项卡，如图4-11 所示。

方法2

右键单击桌面空白处，在弹出的快捷菜单中，选择【属性】命令，打开【显示 属性】

图4-11 【桌面】选项卡

对话框，单击【桌面】选项卡，如图4-11所示。可以在【背景】列表框选择图片或单击
【浏览】按钮在其他驱动器或文件夹中搜索自己喜欢的图片，如图4-12所示。

图4-12　【浏览】对话框

4.2.3　设置屏幕保护程序

设置屏幕保护，可以减少屏幕损耗，延长显示器的使用寿命，还可以省电和保障系统安
全。设置屏幕保护，具体操作步骤如下：

単击【显示 属性】对话框中的【屏幕保护程序】选项卡。

単击【屏幕保护程序】右侧的下拉箭头，在弹出的下拉列表框中单击屏幕保护
程序模式，例如选择【七彩泡泡】，如图4-13所示。

图4-13　设置屏幕保护程序

単击【预览】按钮，可全屏查看预览效果，在【等待】数值框中可以设置等待
时间。

单击【确定】按钮即完成设置。

4.2.4 设置屏幕分辨率、颜色质量和刷新频率

设置屏幕显示分辨率、颜色和刷新频率，可以使显示效果更好，具体操作步骤如下：

打开【显示 属性】对话框，单击【设置】选项卡，通过拖动【屏幕分辨率】滑块调整分辨率的大小，如图 4-14 所示。

图 4-14 【设置】选项卡

打开【颜色质量】下拉列表框，选择所需的颜色质量，如图 4-14 所示。

单击【高级】按钮，打开【高级】对话框，单击【监视器】选项卡，单击【屏幕刷新频率】右侧的下拉箭头，在弹出的下拉列表框中选择一种刷新频率，然后单击【确定】按钮，即可完成设置，如图 4-15 所示。

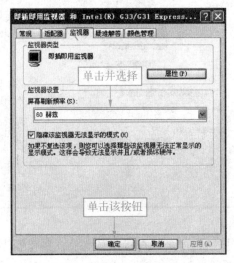

图 4-15 【监视器】选项卡

4.3 时间、日期、语言和区域的设置

下面将对时间、日期、语言和区域的设置进行讲解。

4.3.1 时间和日期的设置

设置系统时间和日期，具体操作方法如下：

方法1

步骤① 双击任务栏区域中的时间，如图4-16所示，打开【日期和时间 属性】对话框，如图4-17所示。

步骤② 在【时间和日期】选项卡中可以查看和设置日期和时间：

图4-16 任务栏提示区中的时间显示

图4-17 【日期和时间】选项卡

- 更改月份：单击【月份】下拉列表框，选取月份。
- 更改年份：单击【年份】文本框中的数字增减按钮，可调整年份数值，也可直接在【年份】文本框中输入年份。
- 更改日期：在日历中直接选择相应的日期。
- 更改时间：在【时间】框架内，分别单击时间框中的时、分、秒数值，然后按数字增减按钮来调整时间或直接在时间框中分别输入时、分、秒数值。

步骤③ 单击【确定】或【应用】按钮。

方法2

步骤① 单击【开始】菜单→【控制面板】命令，打开【控制面板】窗口，将【控制

面板】窗口切换到分类视图。

步骤二 单击【日期、时间、语言和区域设置】超链接，然后再单击【更改日期和时间】超链接，打开【日期和时间 属性】对话框，如图4-17所示。

步骤三 设置时间和日期，然后单击【确定】按钮。

4.3.2 语言和区域的设置

通过【控制面板】中的【区域选项】，可以更改 Windows XP 显示日期、时间、货币和数字的方式。也可以选择公制或者美国的度量制。如果使用多种语言工作，或与其他语言的人交流，则可能需要安装其他语言组。安装的每个语言组均允许输入和阅读时使用该组语言（例如西欧和美国、中欧等）撰写的文档。每种语言均有默认的键盘布局，但许多语言还有其他的布局。

如果要进行区域设置，具体操作方法如下：

步骤一 单击【开始】菜单→【控制面板】命令，如果是控制面板分类视图，就单击【日期、时间、语言和区域设置】超链接，在打开的【日期、时间、语言和区域设置】窗口中，单击【区域和语言选项】超链接。如果是控制面板经典视图，可以直接双击【区域和语言选项】图标，打开【区域和语言选项】对话框，如图4-18所示。

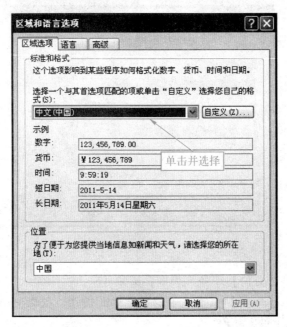

图4-18　【区域和语言选项】对话框

步骤二 在【区域和语言选项】对话框中可选择下列操作之一：

- 在【区域选项】选项卡中，可以在【标准和格式】设置区中，单击要使用的日期、时间、数字和货币格式。若对系统给出的选项不满意，还可通过单击【自定义】按钮进行设置。
- 在【语言】选项卡中，可以在【文字服务和输入语言】设置区中，单击【详细信息】

按钮，打开如图4-19所示的【文字服务和输入语言】对话框，在该对话框中可以进行多种输入语言、文字服务和键盘布局的选择，可以设置语言栏的显示方式，定义输入法的快捷键，还可以对输入法编辑器、语音和手写识别程序进行设置。

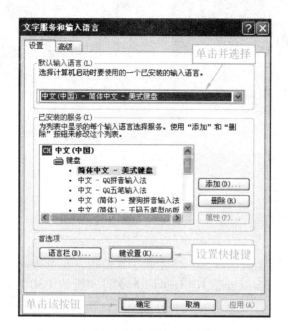

图4-19　【文字服务和输入语言】对话框

单击【确定】或【应用】按钮。

4.4　打印机和其他硬件的设置

打印机是计算机常用的输出设备，要使用打印机，首先应该将打印机连接到计算机主机上，然后为其安装打印驱动程序，最后在程序中打印文档。打印机有喷墨打印机和激光打印机两种：如图4-20所示为喷墨打印机，图4-21为激光打印机。

图4-20　喷墨打印机

图4-21　激光打印机

4.4.1　连接打印机

目前的打印机接口主要有两种：一是并行接口，二是USB接口，也有的打印机同时带有并行接口和 USB 接口。用来连接计算机和打印机的信号电缆也有两种：一种是并行电缆，一种是 USB 电缆。如图 4-22 所示为并行电缆，图 4-23 为 USB 电缆。

图 4-22　并行电缆　　　　　　　　　图 4-23　USB 电缆

连接打印机的方法很简单，将电缆的一端插入打印机接口，另一端插入电脑的相应接口就可以了。

4.4.2　安装打印机驱动

计算机上的硬件都需要安装驱动程序才能正常使用，在 Windows XP 中需要通过驱动程序来指挥硬件的运行。下面以安装 HP Deskjet 630 打印机的 USB 驱动程序为例来介绍。插上打印机的电源线，打开打印机电源并装好墨盒，打印机一切准备就绪，然后插上 USB 连接线，将打印机和电脑连接好。此时系统会发现一个新的硬件，并弹出【找到新的硬件向导】窗口。选中【从列表中指定位置安装（高级）】单选按钮，然后单击【下一步】按钮。如图 4-24 所示。

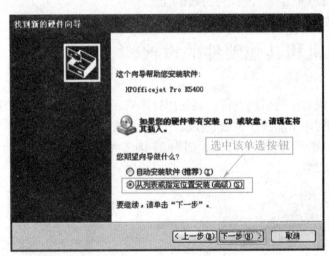

图 4-24　【找到新的硬件向导】对话框

然后选中【在搜索中包括这个位置】复选框，单击【浏览】按钮，找到驱动程序所在的路径。

单击【下一步】按钮，将弹出选择文件复制来源的界面，驱动程序安装完毕后，如图 4-25所示，单击【完成】按钮，此时，打印机就能进行正常的打印工作了。

图4-25 【完成找到新硬件向导】对话框

4.4.3 设置打印机首选项

选择已安装的打印机，单击【文件】菜单→【打印首选项】命令，打开【打印首选项】对话框。

在【打印首选项】对话框左侧的【打印快捷方式】列表框中单击某种打印快捷方式，然后单击【确定】按钮，即可完成设置。

4.4.4 鼠标的设置

目前计算机的应用中，无论是操作系统还是应用程序，几乎都是基于视窗的用户界面，即都支持鼠标操作。Windows XP提供方便、快捷的鼠标键设置方法，用户可以自定义设置鼠标。

1. 设置鼠标键

鼠标键是指鼠标上的左右按键。根据个人习惯，可将鼠标设置为适合于右手操作或左手操作，还可设置打开一个项目时使用的鼠标操作为单击还是双击。

设置鼠标键，具体操作步骤如下：

步骤1 单击【开始】菜单→【设置】→【控制面板】命令，打开【控制面板】窗口，如果是控制面板分类视图，就单击【打印机和其他硬件】超链接，在打开的【打印机和其他硬件】窗口中，单击【鼠标】。如果是控制面板经典视图，直接双击【鼠标】图标，打开【鼠标 属性】对话框，如图4-26所示。

步骤2 在对话框中进行设置：

- 在【鼠标键】选项卡中，可以设置鼠标键的使用。默认情况下，左边的键为主要键，如果选中【切换主要和次要的按钮】复选框，将设置右边的键为主要键。
- 在【双击速度】设置区中拖动滑块可调整鼠标的双击速度，双击该选项组中的文件夹图标可检验设置的速度。
- 在【单击锁定】设置区中，如果选中【启用单击锁定】复选框，就可以在移动项目时不用一直按着鼠标键就可实现，单击【设置】按钮，在弹出的【单击锁定的设置】

对话框中可调整实现单击锁定需要按鼠标键或轨迹球按钮的时间。

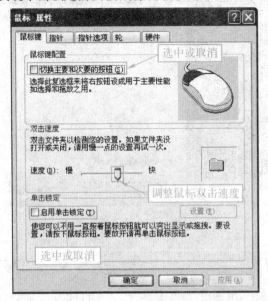

图 4-26　【鼠标 属性】对话框

步骤3 单击【确定】或【应用】按钮，使设置生效。

2. 设置鼠标指针的显示外观

步骤1 在【鼠标 属性】对话框中，单击【指针】选项卡，如图 4-27 所示。

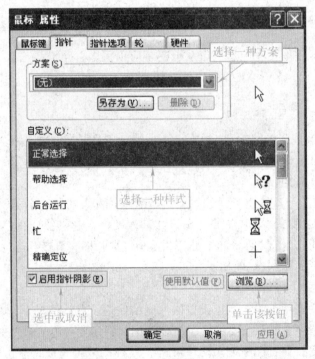

图 4-27　鼠标指针设置

步骤2 在【方案】下拉列表框中选择一种系统自带的指针方案，然后在【自定义】列表框中进行选择。

- 如果希望指针带阴影，可以同时选中【启用指针阴影】复选框。
- 如果希望使用鼠标设置的系统默认值，可以单击【使用默认值】按钮。

如果用户对某种样式不满意，可以选中它后，单击【浏览】按钮，打开【浏览】对话框，如图4-28所示，在【浏览】对话框中选择一种喜欢的鼠标指针样式，单击【打开】按钮，即可将所选样式应用到所选鼠标指针方案中。

图4-28　【浏览】对话框

单击【确定】或【应用】按钮，使设置生效。

3. 设置鼠标的移动方式

在【鼠标 属性】对话框中，选择【指针选项】选项卡，如图4-29所示。

图4-29　鼠标指针选项设置

步骤2 在【鼠标 属性】对话框中可选择下列操作方法之一进行设置：

- 在【移动】设置区域中，用鼠标拖动滑块，可调整鼠标指针移动速度的快慢。
- 在【取默认按钮】设置区域中，选中【自动将指针移动到对话框中的默认按钮】复选框，则在打开对话框时，鼠标指针会自动放在默认按钮上。
- 在【可见性】设置区域中，如果选中【显示指针轨迹】复选框，则在移动鼠标指针时会显示指针的移动轨迹，拖动滑块可调整轨迹的长短；如果选中【在打字时隐藏指针】复选框，则在输入文字时将隐藏鼠标指针；如果选中【当按 Ctrl 键时显示指针的位置】复选框，则按〈Ctrl〉键时会以同心圆的方式显示指针的位置。

步骤3 单击【确定】或【应用】按钮，使设置生效。

4.5 字体设置

下面将对字体设置进行讲解。

4.5.1 字体的安装

将新字体添加到计算机系统中，具体操作步骤如下：

步骤1 单击【开始】菜单→【控制面板】命令，如果是控制面板分类视图，单击【外观和主题】超链接，打开【外观和主题】窗口。如果是控制面板经典视图，直接双击【字体】图标，打开【字体】窗口，如图 4-30 所示。

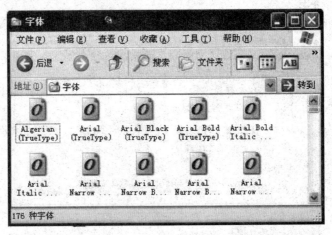

图 4-30 【字体】窗口

步骤2 在【字体】窗口中，单击【文件】菜单→【安装新字体】命令，打开【添加字体】对话框，如图 4-31 所示。

步骤3 在【驱动器】下拉列表框中，选择待安装的字体所在驱动器名称。

步骤4 在【文件夹】列表框中，双击包含要添加的字体的文件夹。

步骤5 在【字体列表】列表框中，选择要添加的字体，然后单击【确定】按钮。如果要添加所有列出的字体，就单击【全选】按钮，然后单击【确定】按钮。

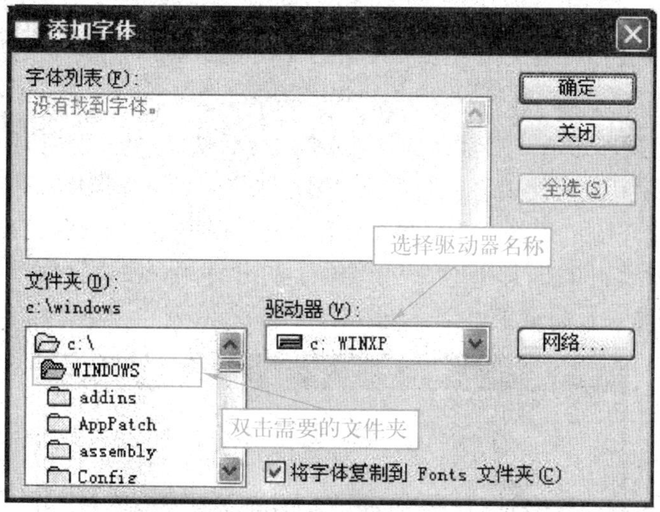

图 4-31　【添加字体】对话框

4.5.2　字体的删除

要删除字体，首先要打开【字体】窗口，在【字体】窗口中选择要删除的字体，然后单击【文件】菜单→【删除】命令或按〈Delete〉键。

4.6　账户的添加及管理

Windows XP 中可以设置多用户登录，每一个用户可以建立自己的独立工作环境，互不影响。在 Windows XP 环境下切换用户账户的时候，不需要重新启动计算机，只要在【用户账户】窗口的更改用户登录和注销方式中选中【使用快速切换】复选框，不用关闭所有程序就可以快速切换到另一个用户账户。在退出计算机系统时，出现一个对话框，选择【切换用户】命令，就能够保留当前用户正在运行的程序，而迅速登录到另一个用户账户，当该用户再次登录时，可以返回到切换前的状态。

Windows XP 系统中提供了计算机管理员账户、受限制账户和来宾账户三种账户类型，其特点如下：

- 计算机管理员账户：拥有对计算机的全系统更改、安装程序或增减硬件、访问计算机上所有文件的权利。计算机管理员账户可以创建和删除计算机上的其他用户账户，可以为计算机上其他用户账户创建账户密码，可以更改其他人的账户名、图片、密码和账户类型。但是无法将自己的账户类型更改为受限制账户类型。
- 受限制账户：无法安装软件和硬件，但可以访问已经安装在计算机上的程序，可以更改自己账户图片，还可以创建、更改或删除自己账户的密码。无法更改自身账户名或者账户类型。
- 来宾账户：在计算机上没有账户和密码，可以快速登录，以检查电子邮件或者浏览 Internet。登录到来宾账户的用户无法安装软件或硬件，无法更改来宾账户类型，但可以访问已经安装在计算机上的程序，可以更改来宾账户图片。

4.6.1 添加新账户

在 Windows XP 系统中有一个默认的管理员账户，如果是多人使用同一台计算机，可以自行创建用户账户供其他人使用，如果要创建用户账户，具体操作步骤如下：

步骤1 单击【开始】菜单→【控制面板】命令，打开【控制面板】窗口并切换到分类视图，如图4-32所示，双击【用户账户】图标，打开【用户账户】窗口，如图4-33所示，单击【创建一个新账户】超链接。

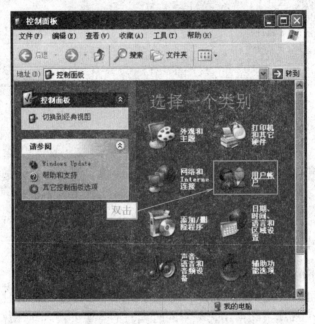

图4-32 【控制面板】窗口

图4-33 【用户账户】窗口

打开【用户账户】窗口，在【为新账户键入一个名称】文本框中输入新账户名称，然后单击【下一步】按钮，如图 4-34 所示。

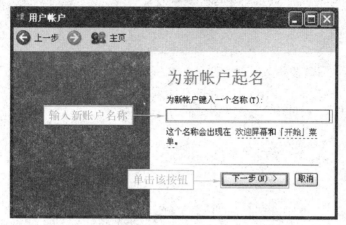

图 4-34 输入账户名称

在打开的【挑选一个账户类型】列表框中选择一个账户类型，选中【受限】单选按钮，然后单击【创建账户】按钮，即可创建一个新的用户账户，如图 4-35 所示。

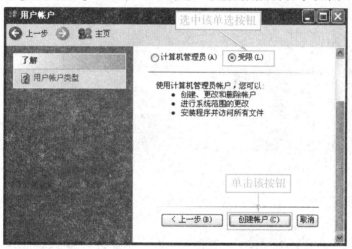

图 4-35 选择账户类型

完成新创建的用户账户，返回【用户账户】窗口，查看所创建的新用户账户，如图 4-36 所示。

4.6.2 设置用户账户

创建用户账户后，用户可以对账户的名称、显示图片、类别和登录密码进行设置或更改。下面以创建的【天宇】用户账户为例来介绍，具体操作步骤如下：

单击【天宇】用户账户图标，如图 4-36 所示。

在新窗口中单击【更改名称】超链接，如图 4-37 所示。

图 4-36　新创建的用户账户

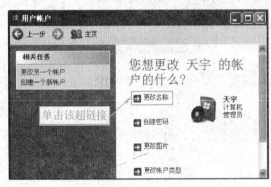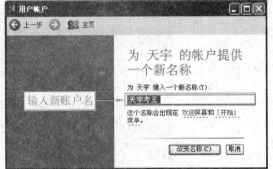

图 4-37　更改账户名称

步骤3 在新窗口中的【为天宇键入一个新名称】文本框中输入一个新的账户名称，如"天宇考王"。

步骤4 单击【改变名称】按钮，返回更改账户设置窗口，可以看到原来的账户名称已经发生改变。

步骤5 为新账户添加密码，可在图 4-37 左图中单击【创建密码】超链接，在【输入一个新密码】和【再次输入密码以确认】文本框中输入同一个密码，在【密码提示】文本框中输入一个单词或短语。如图 4-38 所示。单击【创建密码】按钮，返回更改账户设置画面。

步骤6 在图 4-37 左图中单击【更改图片】和【更改账户类型】可更改显示图片和账户的类型。

步骤7 单击标题栏上的【关闭】按钮，可关闭用户账户窗口。

4.6.3　删除用户账户

如果要删除用户账户，具体操作步骤如下：

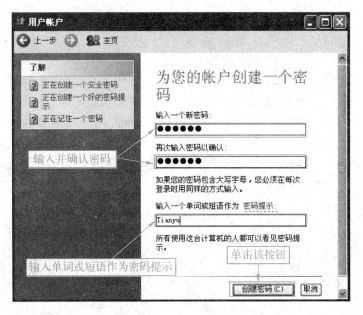

图4-38 设置用户账户密码和密码提示

步骤1 单击【用户账户】窗口中要删除的账户名称，在打开的窗口中单击【删除账户】超链接，如图4-39所示。

图4-39 选择【删除账户】超链接

步骤2 在打开的窗口中单击【删除文件】按钮，表示删除全部与该用户账户相关的文件。

步骤3 在打开的确认删除账户的窗口中单击【删除账户】按钮，即可删除选定的用户账户。

4.6.4 多用户的登录、注销和切换

当计算机拥有多个用户账户时，登录需要切换用户账户。下面介绍登录、注销和切换 Windows 用户账户，可选择下列操作：

- 登录用户：启动计算机时，会出现一个欢迎使用界面，选择要登录的用户，如图 4-40 所示，单击需要登录的用户账户，如果该账户设置了密码，则需输入密码才可以登录。

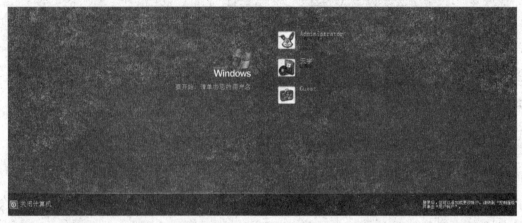

图 4-40 选择需要登录的用户

- 切换用户：在 Windows XP 中，有快速切换功能，可在不关闭正在运行的程序情况下，允许其他用户账户登录并使用这台计算机，使用完毕后还可以重新切换到原来登录使用的账户中，继续工作而不必重新启动计算机。其操作方法如下：单击【开始】菜单→【注销】命令，如图 4-41 左图所示，在弹出的【注销 Windows】对话框中，单

图 4-41 切换用户账户

击【切换用户】按钮，如图4-41右图所示，回到Windows登录界面，如图4-40所
示，单击需要登录的其他用户，完成切换并登录。
- 注销用户：如要注销某个登录的用户账户，可在图4-41右图中单击【注销】按钮，
  注销用户账户会关闭当前账户中所有运行的程序。

4.6.5 本地安全策略的设置

在【控制面板】经典视图中，双击【管理工具】图标，打开【管理工具】窗口，如图4-42
所示，双击【本地安全策略】图标，打开【本地安全策略】窗口，如图4-43所示。在此可通
过菜单栏上的命令设置各种安全策略，并可选择查看方式，导出列表及导入策略等操作。

图4-42 【管理工具】窗口

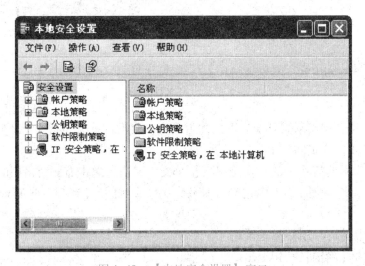

图4-43 【本地安全设置】窗口

如果在【控制面板】分类视图中，则需单击【性能和维护】超链接，打开【性能和维
护】窗口，单击【管理工具】超链接，才能打开【管理工具】窗口。

1. 加固系统账户

通过在【本地安全策略】中进行设置，可以抵御外来程序的入侵行为，具体操作步骤如下：

步骤1 在【本地安全策略】左侧列表框的【安全设置】列表中，单击【本地策略】的【安全选项】命令。

步骤2 查看右侧的相关策略列表，右键单击【网络访问：不允许 SAM 账户和共享的匿名枚举】，在弹出的菜单中选择【属性】命令，打开【网络访问：不允许 SAM 账户和共享的匿名枚举 属性】对话框，如图 4-44 所示，选中【已启用】单选按钮。

步骤3 单击【应用】按钮使设置生效。

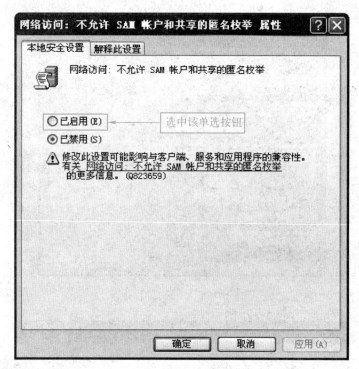

图4-44　【网络访问：不允许 SAM 账户和共享的匿名枚举 属性】对话框

2. 账户管理

为了防止入侵者利用漏洞登录计算机，用户要在此设置重命名系统管理员账户名称及禁用来宾账户，具体操作步骤如下：

步骤1 在【本地策略】的【安全选项】分支中，右键单击右侧窗格中的【账户：来宾账户状态】，在弹出的快捷菜单中选择【属性】命令，打开【账户：来宾账户状态 属性】对话框，如图 4-45 所示。

步骤2 选中【已禁用】单选按钮。

步骤3 单击【确定】按钮退出。

3. 加强密码安全

在【安全设置】中，单击【账户策略】的【密码策略】命令，在其右侧窗格中，可酌情进行相应的设置，以保证用户的系统密码相对安全，不易破解。防破解的一个重要手段就

图 4-45 【账户：来宾账户状态 属性】对话框

是定期更新密码，可以进行如下设置：

　　右键单击【密码最长存留期】，在弹出的快捷菜单中选择【属性】命令，打开【密码最长存留期 属性】对话框，如图 4-46 所示，可自定义一个密码设置后能够使用的时间长短（限定于 1 至 999 之间）。

图 4-46 【密码最长存留期 属性】对话框

此外，通过【本地安全设置】，还可以设置【审核对象访问】，跟踪用于访问文件或其他对象的用户账户、登录尝试、系统关闭或重新启动以及类似的事件。

4.7 上机练习

1. 请利用【显示属性】对话框将桌面主题改为"Windows 经典"。

2. 请利用【显示属性】对话框将桌面颜色设置为鲜绿，背景设置为"1"，位置为"居中"（按题目叙述一次设置）。

3. 利用【显示属性】对话框，设置屏幕分辨率：1024×768 像素，DPI 为：正常尺寸（96DPI）。

4. 请利用【日期、时间、语言和区域设置】窗口，将系统的时区设置为达尔文。

5. 请利用【日期、时间、语言和区域设置】窗口，将系统的时间设置为 10 时 20 分 40 秒（请按小时：分：秒的顺序设置）。

6. 设置日期和时间自动与 Internet 时间服务器同步。

7. 创建一个新的计算机管理员账户，账户名为"xxx"。

8. 为本机中的"xxx"账户创建密码，密码为：123，提示信息为：123。

9. 请利用【打印机和传真】窗口，设置窗口中第二个打印机为脱机打印。

10. 在当前窗口将本机中两台打印机中的 Canon Bubble - Jet 设置为默认打印机。

11. 在【打印机和传真】窗口，添加新硬件"Diconix 公司的 Diconix 150 Plus"，不自动检测端口新硬件已接入计算机，要求检测，在列表中选择厂商和型号，手动安装，不打印测试页。

12. 请利用【控制面板】，将受限用户账户 TY 的密码删除。

13. 请利用【打印机和传真】窗口，打开长城打印机的打印管理器，设置其取消正在打印的 Microsoft Word 文档。

14. 利用【安全中心】使 Windows 允许"Outlook Express"程序访问 Internet。

15. 更改用户 xxx 的图片为足球。

16. 在【外观和主题】窗口中设置"图片收藏"文件夹中的图片作为屏幕保护程序，要求更换图片的频率为 30 秒，图片的尺寸是屏幕的 70%，并拉伸尺寸小的图片。

17. 请从当前界面开始，利用【控制面板】的分类视图将当前任务栏上通知区的除时间以外的其他图标设置成"总是隐藏"（不允许进行题目要求之外的任何修改）。

18. 利用【控制面板】中的经典视图设置鼠标指针的方案为恐龙（系统方案），并更改"忙"的指针为 3dsmove. cur。

19. 在【控制面板】中将区域设置更改为"英语（美国）"。

20. 请在【控制面板】中，设置日期格式的"长日期"格式为 yyyy'年'M'月'd'日'。

21. 删除字体列表中的"Arial"字体。

22. 请利用【性能和维护】窗口，设置本机安全管理策略，密码策略：将密码最长保留期设置为 12 天，最短保留期设置为 6 天（顺序操作）。

23. 请利用【性能和维护】窗口，设置本机的计算机账户"123"为可以"配置系统性能"的账户。

24. 利用【控制面板】设置屏幕保护程序，使用 C 盘目录下名叫"图片"的文件夹，更换图片的频率为 15 秒。

25. 请利用【打印机和传真】窗口，删除"HP laserJet 5000 Series PCL"打印机。

26. 在当前窗口开始安装第一种类型的系统设备。

27. 请利用【控制面板】将鼠标改为左手习惯。

上机操作提示（具体操作详见随书光盘中【手把手教学】第 4 章 01～27 题）

1. 右键单击桌面空白处，在弹出的快捷菜单中选择【属性】命令，打开【显示属性】对话框。

单击【主题】列表框，在弹出的列表中选择【Windows 经典】。

单击【确定】按钮。

2. 单击【显示 属性】对话框中的【桌面】选项卡。

单击【颜色】列表框，在弹出的列表中选择【鲜绿色】。

单击【背景】列表框中的【1】。

单击【位置】列表框在弹出的列表中选择【居中】。

单击【确定】按钮，单击窗口内任意位置。

3. 右键单击桌面空白处，在弹出的快捷菜单中选择【属性】命令，打开【显示属性】对话框。

单击【设置】选项卡，将【屏幕分辨率】的滑块向右调至【1024×768】像素。

单击【高级】按钮。

在【显示】设置区中单击【DPI 设置】下拉列表框，选择【正常尺寸（96 DPI）】。

单击【确定】按钮。

单击【是】按钮。

单击【关闭】按钮。

4. 单击【日期、时间、语言和区域设置】。

单击【更改日期和时间】，打开【日期和时间 属性】对话框。

单击【时区】选项卡，单击下拉列表框，选择【（GMT+09：30）达尔文】。

单击【确定】按钮。

5. 单击【日期、时间、语言和区域设置】。

单击【日期和时间】，打开【日期和时间 属性】对话框。

在【时间】设置区中修改【下午 16：07：04】数值框中的内容为【上午 10：20：40】。

单击【确定】按钮。

6. 双击任务栏上的【时间和日期】，打开【日期和时间 属性】对话框。

单击【Internet 时间】选项卡，选中【自动与 Internet 时间服务器同步】复选框。

步骤 单击【确定】按钮。

7. 步骤1 单击【开始】菜单→【控制面板】命令，打开【控制面板】对话框。

步骤2 单击【用户账户】，打开【用户账户】对话框。

步骤3 单击【创建一个新账户】，在【为新账户键入一个名称】文本框中输入"xxx"。

步骤4 单击【下一步】按钮。

步骤5 单击【创建账户】按钮。

8. 步骤1 单击【开始】菜单→【控制面板】命令，打开【控制面板】窗口。

步骤2 单击【用户账户】，打开【用户账户】对话框。

步骤3 单击【xxx 计算机管理员】。

步骤4 单击【创建密码】。

步骤5 在【输入一个新密码】文本框中输入"123"。

步骤6 在【再次输入密码以确认】文本框中输入"123"。

步骤7 在【输入一个单词或短语作为密码提示】文本框中输入"123"。

步骤8 单击【创建密码】按钮。

9. 步骤 右键单击"Canon Bubble – Jet"打印机，在弹出的快捷菜单中选择【脱离使用打印机】命令。

10. 步骤 右键单击"Canon Bubble – Jet"打印机，在弹出的快捷菜单中选择【设为默认打印机】命令。

11. 步骤1 单击【文件】菜单→【添加打印机】命令，打开【添加打印机向导】对话框。

步骤2 单击【下一步】按钮。

步骤3 取消已选中的【自动检测并安装即插即用打印机】复选框，单击【下一步】按钮。

步骤4 单击【下一步】按钮，在【厂商】设置区内向下拖动滚动条到指定位置，单击列表框中的【Diconix】。

步骤5 在【打印机】设置区内单击列表框中的【Diconix 150 Plus】，单击【下一步】按钮。

步骤6 单击【下一步】按钮。

步骤7 单击【下一步】按钮，选中【否】单选按钮。

步骤8 单击【下一步】按钮。

步骤9 单击【完成】按钮。

12. 步骤1 单击【控制面板】下的【切换到分类视图】超链接。

步骤2 单击【用户账户】超链接，打开【用户账户】窗口。

步骤3 单击【更改账户】超链接。

步骤4 单击【TY】图标，单击【删除密码】超链接。

步骤5 单击【删除密码】按钮。

13. 步骤1 双击【长城打印机】，打开【长城打印机】对话框。

单击【Microsoft Word－文档 1】文件。

单击【文档】菜单→【取消】命令，打开【打印机】对话框。

单击【是】按钮。

单击【长城打印机】标题栏中的【关闭】按钮。

单击工作区内空白处。

14. 单击【控制面板】下的【切换到经典视图】超链接。

双击【安全中心】图标。

单击【Windows 防火墙】，打开【Windows 防火墙】窗口。

单击【例外】选项卡。

单击【添加程序】按钮，打开【添加程序】对话框，在【程序】设置区中单击【程序】列表框中的【Outlook Express】。

依次单击【确定】按钮。

15. 单击【开始】菜单→【控制面板】命令，打开【控制面板】窗口。

单击【用户账户】超链接，打开【用户账户】窗口。

单击【xxx 计算机管理员】。

单击【更改图片】，单击【足球】图片。

单击【更改图片】按钮。

16. 单击【更改计算机的主题】，打开【显示 属性】对话框。

单击【屏幕保护程序】选项卡，在【屏幕保护程序】设置区中单击下拉式列表框，选择【图片收藏幻灯片】。

单击【设置】按钮，打开【图片收藏屏幕保护程序选项】对话框。

单击【浏览】按钮，打开【浏览文件夹】对话框。

单击【图片收藏】文件夹。

单击【确定】按钮，在【图片收藏屏幕保护程序选项】对话框中，在【更换图片的频率是什么】设置区内，向右拖动滑块，设置【快慢】为"30 秒"。

在【图片的尺寸是什么】设置区内，向左拖动滑块，设置【大小】为"70%"。

选中【拉伸尺寸小的图片】复选框，单击【确定】按钮。

单击【确定】按钮。

17. 单击【外观和主题】超链接，打开【外观和主题】窗口。

单击【任务栏和「开始」菜单】超链接，打开【任务栏和「开始」菜单属性】对话框。

单击【自定义】按钮，打开【自定义通知】对话框。

单击【当前项目】下的【本地连接...】，单击【本地连接...】后的【行为】列表框，在弹出的列表中选择【总是隐藏】。

单击【当前项目】下的【超级截屏】，单击【超级截屏】后的【行为】列表框，在弹出的列表中选择【总是隐藏】。

单击【当前项目】下的【音量】，单击【音量】后的【行为】列表框，在弹出的列表中选择【总是隐藏】。

（步骤2）单击【当前项目】下的【VMware Tools】，单击【VMware Tools】后的【行为】列表框，在弹出的列表中选择【总是隐藏】。

（步骤3）依次单击【确定】按钮。

18. （步骤1）单击【控制面板】下的【切换到经典视图】超链接，双击【鼠标】图标，打开【鼠标 属性】对话框。

（步骤2）单击【指针】选项卡，单击【方案】列表框，在弹出的列表中选择【恐龙（系统方案）】，单击【自定义】下的【忙】，单击【浏览】按钮，打开【浏览】对话框。

（步骤3）单击【3dsmove.cur】，单击【打开】按钮。

（步骤4）单击【确定】按钮。

19. （步骤1）单击【区域和语言选项】图标，右键单击【区域和语言选项】图标，在弹出的快捷菜单中选择【打开】，打开【区域和语言选项】对话框。

（步骤2）单击【标准和格式】列表框，在弹出的列表中选择【英语（美国）】。

（步骤3）单击【确定】按钮，单击工作区空白处。

20. （步骤1）单击【日期、时间、语言和区域设置】，单击【区域和语言选项】，打开【区域和语言选项】对话框。

（步骤2）单击【自定义】按钮，打开【自定义区域选项】对话框。

（步骤3）单击【日期】选项卡，单击【长日期格式】文本框右侧的倒三角按钮，在弹出的列表中选择【yyyy'年'M'月'd'日'】，单击【确定】按钮。

（步骤4）单击【确定】按钮。

21. （步骤1）右键单击【Arial TrueType】，在弹出的快捷菜单中选择【删除】命令，弹出【Windows 字体文件夹】警告对话框。

（步骤2）单击【是】按钮。

22. （步骤1）单击【性能和维护】超链接，打开【性能和维护】窗口。

（步骤2）单击【管理工具】超链接，打开【管理工具】窗口，右键单击【本地安全策略】，在弹出的列表中选择【打开】命令，打开【本地安全策略】窗口。

（步骤3）单击【安全设置】下的【账户策略】前的【+】，单击【密码策略】，右键单击右窗格中的【密码最长存留期】，在弹出的快捷菜单中选择【属性】命令，打开【密码最长存留期 属性】对话框。

（步骤4）设置【密码不作废】数值框中的内容为【12】。

（步骤5）单击【确定】按钮。右键单击右窗格中的【密码最短存留期】，在弹出的快捷菜单中选择【属性】命令，打开【密码最短存留期 属性】对话框。

（步骤6）设置【可以立即更改密码】数值框中的内容为【6】。

（步骤7）单击【确定】按钮，单击工作区空白处。

23. （步骤1）单击【性能和维护】超链接，打开【性能和维护】窗口。

（步骤2）单击【管理工具】超链接，打开【管理工具】窗口，右键单击【本地安全策略】，在弹出的列表中选择【打开】命令，打开【本地安全策略】窗口。

（步骤3）单击【安全设置】下的【本地策略】前的【+】，单击【用户权利指派】，单击右窗格中的【配置系统性能】。

步骤 2 单击工具栏中的【属性】按钮，打开【配置系统性能 属性】对话框。

步骤 3 单击【添加用户或组】按钮，打开【选择用户或组】对话框，在【输入对象名称来选择】编辑区中输入"123"。

步骤 4 依次单击【确定】按钮。

24. 步骤 1 单击【外观和主题】超链接，打开【外观和主题】窗口。

步骤 2 单击【更改计算机的主题】超链接，打开【显示 属性】对话框。

步骤 3 单击【屏幕保护程序】选项卡，单击【屏幕保护程序】列表框，在弹出的列表中选择【图片收藏幻灯片】，单击【设置】按钮，打开【图片收藏屏幕保护程序选项】对话框，将【更换图片的频率是什么】下滑块向右移至【15 秒】。

步骤 4 单击【浏览】按钮，打开【浏览文件夹】对话框，单击【选择从哪个目录显示图像】列表框，从中选择【图片】文件夹。

步骤 5 单击【确定】按钮。

步骤 6 单击【确定】按钮。

步骤 7 单击【确定】按钮。

25. 步骤 1 单击【打印机和其他硬件】超链接，打开【打印机和其他硬件】窗口。

步骤 2 单击【查看安装的打印机或传真打印机】超链接，打开【打印机和传真】窗口。

步骤 3 右键单击【HP laserJet 5000 Series PCL】，在弹出的快捷菜单中单击【删除】命令，弹出【打印机】提示对话框。

步骤 4 单击【是】按钮。

26. 步骤 1 单击【打印机和其他硬件】超链接，打开【打印机和其他硬件】窗口。

步骤 2 单击【请参阅】下的【添加硬件】，打开【添加硬件向导】对话框。

步骤 3 单击【下一步】按钮，选中【是，我已经连接了此硬件】单选钮。

步骤 4 单击【下一步】按钮，单击【已安装的硬件】列表框中的【添加新硬件设备】。

步骤 5 单击【下一步】按钮，选中【安装我手动从列表选择的硬件】单选按钮。

步骤 6 单击【下一步】按钮，单击【常见硬件类型】列表框中的【系统设备】。

步骤 7 单击【下一步】按钮，单击【型号】列表框中的【AMD – 8151 HyperTransport（tm）AGP3.0 Graphics Tunnel】。

步骤 8 依次单击【下一步】按钮。

步骤 9 单击【完成】按钮。

27. 步骤 1 单击【开始】菜单→【控制面板】命令，打开【控制面板】窗口。

步骤 2 单击【打印机和其他硬件】超链接，打开【打印机和其他硬件】窗口。

步骤 3 单击【鼠标】超链接，打开【鼠标 属性】对话框。

步骤 4 选中【切换主要和次要的按钮】复选框。

步骤 5 右键单击【确定】按钮。

第 **5** 章　网络设置与使用

网络是信息传输、接收、共享的虚拟平台，通过它把各个点、面、体的信息联系到一起，从而实现这些资源的共享。它是人们用于信息交流的一个通信工具。

5.1　设置本地连接

本地连接是 Windows XP 系统中最基本的网络组件，在安装 Windows XP 操作系统时，系统会自动检测计算机上的网络适配器，并且自动创建本地连接。

1. 显示本地连接

打开【控制面板】窗口并切换到分类视图，单击【网络和 Internet 连接】超链接，打开【网络和 Internet 连接】窗口，单击【网络连接】超链接，打开【网络连接】窗口，显示本地连接状况，如图 5-1 所示。

图 5-1　【网络连接】窗口

2. 查看本地连接的状态

本地连接有两种状态：一是 表示连接处于活动状态；二是 表示连接处于非活动状态。当本地连接处于活动状态时，可以查看连接持续的时间、速度、传输和接收的数据量等本地连接信息。

如果要查看本地连接状态，具体操作如下：

单击【网络连接】窗口中的【本地连接】图标，单击【文件】菜单→【状态】命令或右键单击【本地连接】，在弹出的快捷菜单中选择【状态】命令，打开【本地连接 状态】

对话框，如图5-2所示。

3. 设置本地连接

单击【网络连接】窗口中的【本地连接】图标，单击【文件】菜单→【属性】命令或右键单击【本地连接】图标，在弹出的快捷菜单中选择【属性】命令，打开【本地连接 属性】对话框，如图5-3所示。

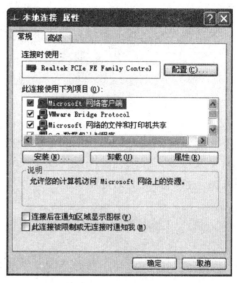

图5-2　【本地连接 状态】对话框　　　　图5-3　【本地连接 属性】对话框

通过【常规】选项卡，进行如下设置：

（1）设置是否在通知区域显示网络连接图标，当连接被限制或无连接时是否发出通知。

（2）配置TCP/IP：单击【此连接使用下列项目】列表框中的【Internet 协议（TCP/IP）】列表项，单击【属性】按钮，如图5-4所示。如计算机所在的网络可以自动获取IP

图5-4　【Internet 协议（TCP/IP）属性】对话框

地址，则可以选中【自动获得 IP 地址】单选按钮，如不能，则选中【使用下面的 IP 地址】
单选按钮，并自行输入 IP 地址参数。

5.2 家庭或小型办公网络

本节将对家庭或小型办公网络进行讲解。

5.2.1 家庭或小型办公网络概述

如果有多个计算机或其他硬件设备（例如打印机、扫描仪或照相机等），即可使用网络
来共享文件、文件夹、硬件设备或 Internet 连接等。例如本机用户可以通过网络共享使用连
接在另一台计算机上的打印机。

5.2.2 创建家庭或小型办公网络

如果要创建家庭和小型办公网络，具体操作步骤如下：

步骤① 单击【开始】菜单→【控制面板】命令，打开【控制面板】窗口并切换到分类
视图，单击【网络和 Internet 连接】超链接，打开【网络和 Internet 连接】窗口，单击【网
络安装向导】超链接，打开【网络安装向导】窗口，如图 5-5 所示。

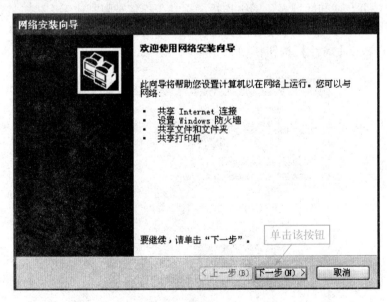

图 5-5　【网络安装向导】对话框

步骤② 单击【下一步】按钮，单击【创建网络的清单】超链接，查看【帮助与支持中
心】中的相关信息，如图 5-6 所示。

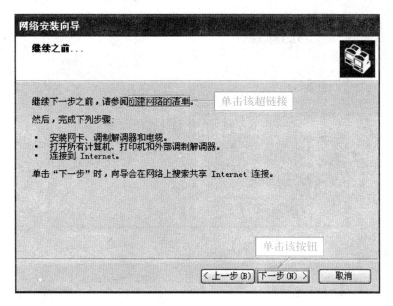

图5-6 【网络安装向导】对话框

单击【下一步】按钮，打开【网络安装向导】对话框，如图5-7所示。

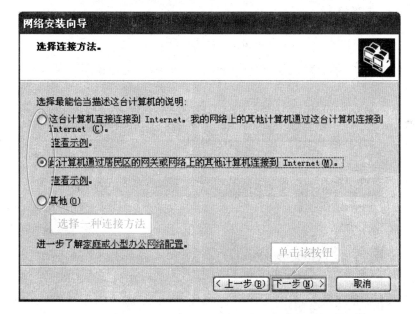

图5-7 【网络安装向导】对话框

根据实际情况，选择连接方式，单击【下一步】按钮，如图5-8所示。

在【计算机描述】文本框中输入对计算机的描述，在【计算机名】文本框中输入计算机名，单击【下一步】按钮，如图5-9所示。

在【工作组名】文本框中输入该计算机将要加入的工作组名称，单击【下一步】按钮，如图5-10所示。

设置是否启用文件和打印机共享，单击【下一步】按钮，如图5-11所示。

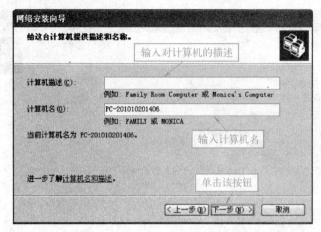

图 5-8 【网络安装向导】对话框

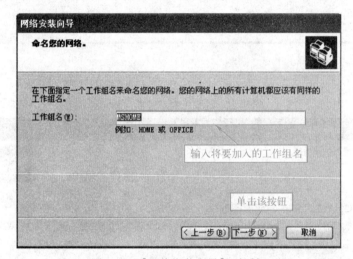

图 5-9 【网络安装向导】对话框

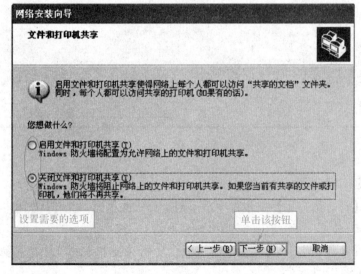

图 5-10 【网络安装向导】对话框

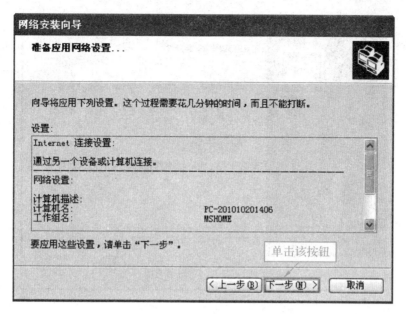

图 5-11 【网络安装向导】对话框

查看对网络的设置之后，单击【下一步】按钮，网络向导开始为计算机配置网络，如图 5-12 所示。

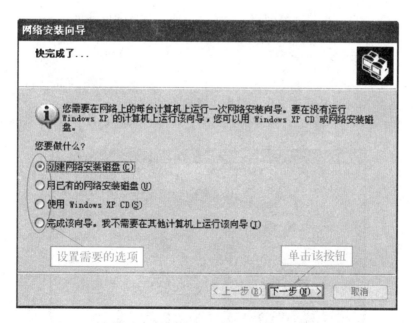

图 5-12 【网络安装向导】对话框

单击【下一步】按钮，最后单击【完成】按钮，如图 5-13 所示。关闭此向导，此时系统将出现【必须重新启动计算机才能使新的设置生效】对话框，单击【是】按钮，重新启动计算机。

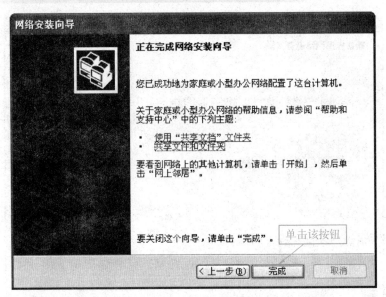

图 5-13　【网络安装向导】对话框

　网络资源

网络资源对于家庭、单位局域网非常重要，下面将对其进行讲解。

5.3.1　通过网上邻居浏览网络资源

使用网上邻居浏览网络资源，具体操作步骤如下：

单击【开始】菜单→【网上邻居】命令，打开【网上邻居】窗口，如图 5-14 所示。

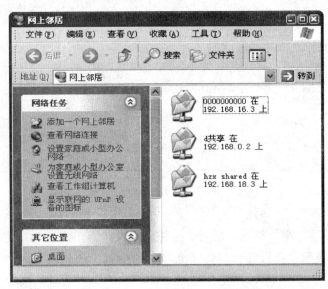

图 5-14　【网上邻居】窗口

浏览局域网中其他计算机上的共享文件夹。

双击要访问的共享文件夹，在新窗口中查看共享资源。

5.3.2　映射网络资源

在局域网上，要访问一个共享的驱动器或文件夹，可以在桌面上打开【网上邻居】窗口，然后选择有共享资源的计算机即可，但是此法使用起来效果并不是很好，有时还不能解决实际问题，因此通常采用将驱动器映射到共享资源的方法，使用映射网络资源，具体操作步骤如下：

单击【开始】菜单→【网上邻居】命令，打开【网上邻居】窗口，如图 5-14 所示。

单击【工具】菜单→【映射网络驱动器】命令，打开【映射网络驱动器】对话框，如图 5-15 所示。

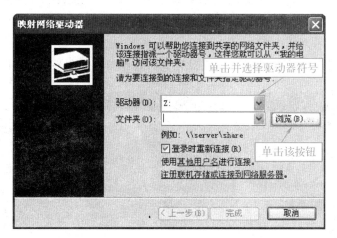

图 5-15　【映射网络驱动器】对话框

在【驱动器】下拉列表框中，为网络驱动器选择一个驱动器符号。

单击【浏览】按钮，在【浏览文件夹】对话框中选择需要映射的网络文件夹，单击【确定】按钮，返回【映射网络驱动器】对话框。

单击【完成】按钮。

5.3.3　创建网络资源的快捷方式

创建网络资源的快捷方式，可以快速访问网络资源。具体操作步骤如下：

单击【开始】菜单→【网上邻居】命令，打开【网上邻居】窗口，如图 5-14 所示。

单击任务窗格中的【添加一个网上邻居】选项，打开【添加网上邻居向导】对话框，如图 5-16 所示。

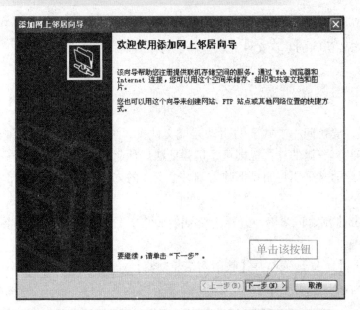

图 5-16　【添加网上邻居向导】对话框

单击【下一步】按钮，出现服务提供商界面，如图 5-17 所示。

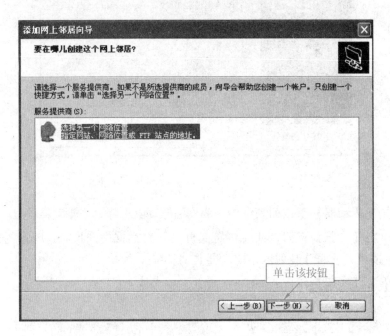

图 5-17　【添加网上邻居向导】对话框

单击【下一步】按钮，进入【这个网上邻居的地址是什么？】界面，如图 5-18 所示。

单击【浏览】按钮，打开【浏览文件夹】对话框，如图 5-19 所示，选择【网上邻居】的地址之后，单击【确定】按钮，如图 5-20 所示。

图 5-18 【这个网上邻居的地址是什么?】界面

图 5-19 【浏览文件夹】对话框

步骤 3 单击【下一步】按钮,进入【这个网上邻居的名称是什么?】界面,如图 5-21 所示。

步骤 7 输入网上邻居名称后,单击【下一步】按钮,如图 5-22 所示。

步骤 8 单击【完成】按钮,网络资源的快捷方式就会出现在【网上邻居】窗口中。

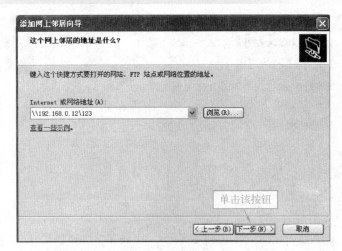

图 5-20　【添加网上邻居向导】对话框

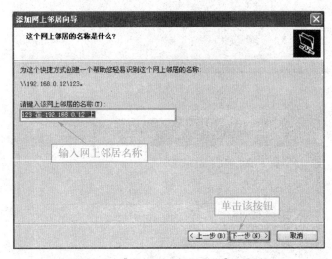

图 5-21　【添加网上邻居向导】对话框

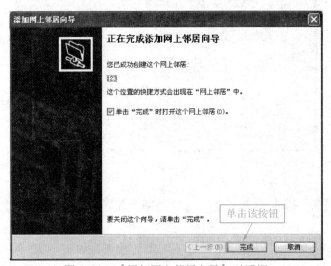

图 5-22　【添加网上邻居向导】对话框

5. 4　Internet 的连接

Internet 中文名为因特网，是目前世界上应用范围最广的计算机广域网络，它由遍布全球的各种计算机网络互联而成，是世界上最大的计算机网络。

建立拨号连接

如果使用电话线拨号上网，具体操作步骤如下：

（　　） 单击【开始】菜单→【控制面板】命令，打开【控制面板】并切换到经典视图窗口。

（　　） 双击【网络连接】图标，打开【网络连接】窗口，单击窗口左侧的【创建一个新的连接】命令，打开【新建连接向导】对话框，如图 5-23 所示。

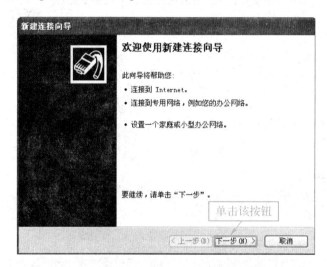

图 5-23　【新建连接向导】对话框

（　　） 单击【下一步】按钮，选中【连接到 Internet】单选按钮，如图 5-24 所示。

（　　） 单击【下一步】按钮，选中【手动设置我的连接】单选按钮，如图 5-25 所示。

（　　） 单击【下一步】按钮，选中【用拨号调制解调器连接】单选按钮，如图 5-26 所示，再单击【下一步】按钮。

（　　） 在【ISP 名称】文本框中输入账号的名称（可以自定义），如图 5-27 所示，单击【下一步】按钮。

（　　） 在【电话号码】文本框中输入 ISP 的电话号码，此号码是唯一的，如图 5-28 所示，单击【下一步】按钮。

（　　） 在【用户名】、【密码】及【确认密码】后输入 Internet 账户信息（此账号与密码是唯一的），其他保持默认设置不需进行改写。如图 5-29 所示，单击【下一步】按钮。

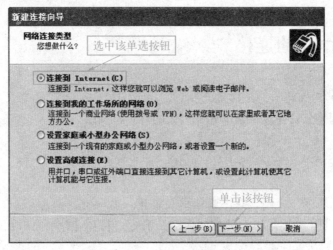

图 5-24　【新建连接向导】对话框

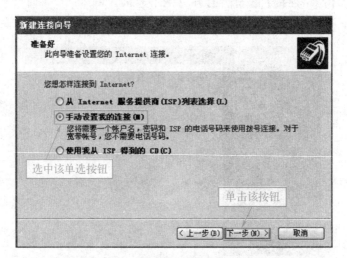

图 5-25　【新建连接向导】对话框

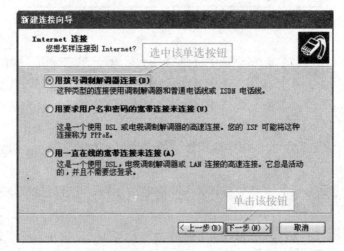

图 5-26　【新建连接向导】对话框

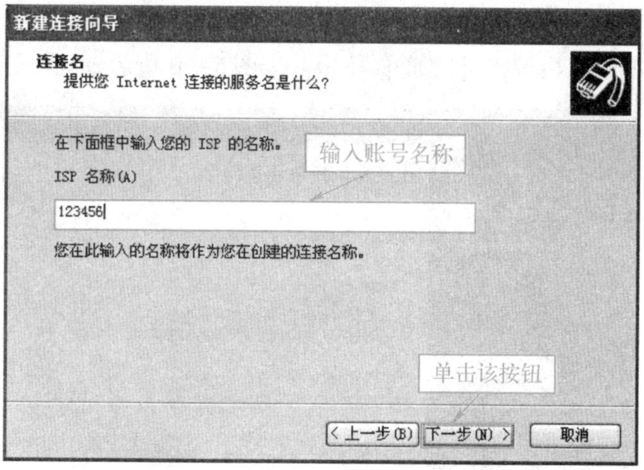

图 5-27 【新建连接向导】对话框

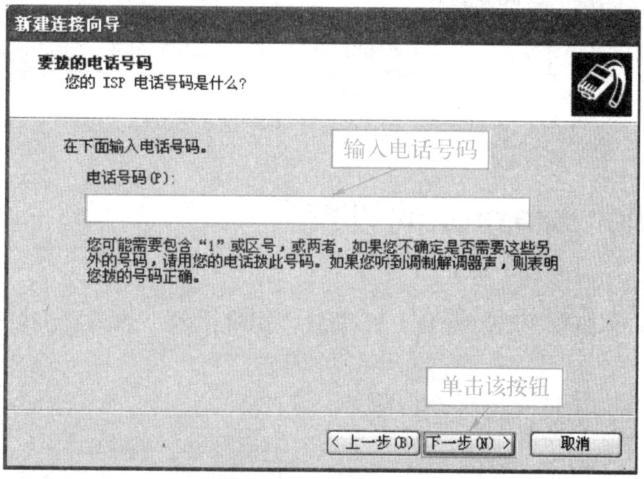

图 5-28 【新建连接向导】对话框

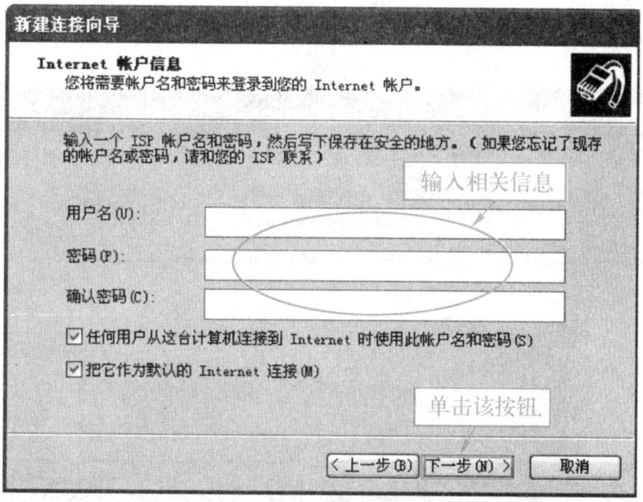

图 5-29 【新建连接向导】对话框

提示 如果需要在桌面建立一个快捷方式，则选中【在我的桌面上添加一个到此连接的快捷方式】复选框，然后单击【完成】按钮，如图 5-30 所示，则拨号连接建立完成。

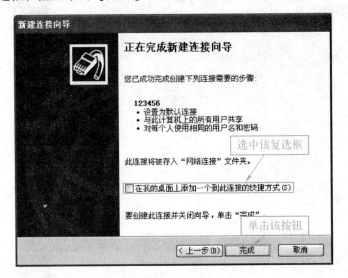

图 5-30 【新建连接向导】对话框

5.5 Internet Explorer 的设置

Internet Explorer，简称 IE 或 MSIE，是微软公司推出的一款网页浏览器。

5.5.1 Internet Explorer 的窗口

在 Windows 桌面上，双击 IE 图标或在任务栏上单击 IE 图标，打开 IE 浏览器窗口。

IE 窗口主要由标题栏、菜单栏、工具栏、地址栏、链接工具栏、Web 窗口和状态栏等组成，如图 5-31 所示。

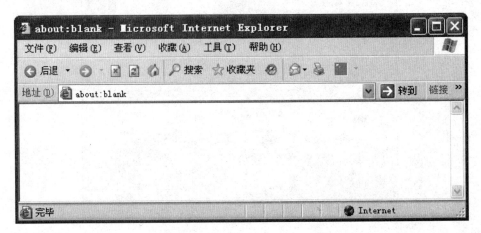

图 5-31 IE 的主窗口

- 标题栏：位于 IE 工作窗口的顶部，用来显示当前正在浏览的网页名称或当前浏览网页的地址，方便用户了解 Web 页面的主要内容。
- 菜单栏：位于标题栏下面，显示可以使用的所有菜单命令。
- 工具栏：位于菜单栏下面，存放着用户在浏览 Web 页时常用的工具按钮，用户可以不用打开菜单，直接单击相应的按钮便可进行操作。
- 地址栏：位于工具栏的下方，使用地址栏可以查看当前打开的 Web 页面的地址，也可查找其他 Web 页。在地址栏中输入地址后按〈Enter〉键或者单击【转到】按钮，就可以访问相应的 Web 页。
- 浏览区：查看网页的区域。
- 状态栏：位于 IE 窗口的底部，显示当前用户正在浏览的网页下载状态、下载进度和区域属性。

5.5.2 Internet Explorer 的使用

上网浏览是通过超链接来实现的，所要做的只是简单地移动鼠标指针并决定是否单击相应链接。由每一个超级链接（图像或者文字）的上下文或是图像旁边的文字说明，可以知道它所代表的网页内容，通过这些简单描述确定是否打开相应的网页进行浏览。

1. 浏览上一页

开始打开 IE 浏览器时，工具栏上的【后退】和【前进】按钮都呈灰色的不可用状态。当单击某个超链接打开一个新的网页时，【后退】按钮就会变成深色可用状态，随着浏览的网页逐渐增多，有时发现超链接的网页出现错误，或者是需要查看刚才浏览过的网页，这时单击【后退】按钮，就可以返回刚才访问过的网页继续浏览。

2. 浏览下一页

单击【后退】按钮后，【前进】按钮也由灰变深，继续单击【后退】按钮，就依次回到上一级浏览过的网页，直到【后退】按钮呈灰色状态，表明已经无法再后退了。此时如果单击【前进】按钮，就又会沿着原来浏览的顺序依次显示下一网页。

3. 刷新某个网页

如果长时间在网上浏览，较早浏览的网页可能已经被更新，特别是一些提供时事信息的网页，例如浏览的是一个有关股市行情的网页，可能这个网页的内容已经更新了。这时为了得到最新的网页信息，可通过单击【刷新】按钮来实现网页的更新。

4. 停止某个网页的下载

在浏览的过程中，如果发现一网页过了很长时间还没有完全显示，那么可以通过单击【停止】按钮停止对当前网页的载入。

5. 使用收藏夹

用户可以将喜爱的网页添加到收藏夹中保存，以后就可以通过收藏夹快速地访问用户喜欢的 Web 页或站点。

（1）如果要将某个 Web 页添加到收藏夹，具体操作步骤如下：

转到要添加到收藏夹列表的 Web 页。

单击【收藏】菜单→【添加到收藏夹】命令，打开【添加到收藏夹】对话框。

步骤 在对话框的名称文本框中输入该页的新名称，然后单击【确定】按钮。

（2）将收藏的 Web 页组织到文件夹中，具体操作步骤如下：

步骤 单击【收藏】菜单→【整理收藏夹】命令，打开【整理收藏夹】对话框，如图 5-32 所示。

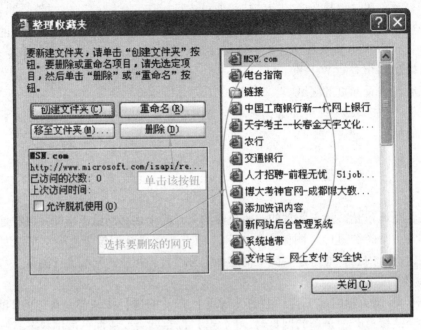

图 5-32 【整理收藏夹】对话框

步骤 单击【创建文件夹】按钮，输入文件夹的名称，然后按〈Enter〉键。

步骤 将列表中的快捷方式拖动到合适的文件夹中。如果因为快捷方式或文件夹太多而导致无法拖动，可以先选择要移动的网页，然后单击【移至文件夹】按钮，在弹出的【浏览文件夹】对话框中选择合适的文件夹，单击【确定】按钮即可。

（3）将某个网站从收藏夹中删除，具体操作步骤如下：

单击【收藏】菜单→【整理收藏夹】命令，打开【整理收藏夹】对话框，如图 5-32所示，选择要删除的网页，然后单击【删除】按钮。

6. 使用历史记录快速浏览访问网页

如果忘记将 Web 页添加到收藏夹和链接栏，也可以从历史记录列表中进行查看，在历史记录列表中可以查找在过去几分钟、几小时或几天内曾经浏览过的 Web 页和 Web 站点。

单击工具栏上的【历史】按钮，即可打开历史记录列表，其中列出了曾经访问过的Web 页。这些 Web 页将按日期列出，按星期组合。单击星期名称，即可将其展开。其中的Web 站点按访问时间顺序排列。单击文件夹以显示各 Web 页，然后单击 Web 页图标，即可转到该 Web 页。

7. 保存网页

如果想在其他无法上网的计算机上查看该网页，用户可以先将该网页保存到本机存储器中，以便随时查看或复制，具体操作步骤如下：

步骤 单击【文件】菜单→【另存为】命令，打开【保存网页】对话框，如图5-33所示。

图5-33 【保存网页】对话框

（步骤2）选择保存网页的路径并输入网页名称后，在【保存类型】下拉列表框中选择保存网页的类型。

- 网页（全部），保存文件类型为 ∗.htm 和 ∗.html。按这种方式保存后会在保存的目录下生成一个html文件和一个文件夹，其中包含网页的全部信息。
- Web档案（单一文件），保存文件类型为 ∗.htm。按这种方式保存后只会存在单一文件，该文件包含网页的全部信息。它比前一种保存方式更易管理。
- 网页（仅HTML文档），保存文件类型为 ∗.htm 和 ∗.html。按这种方式保存的效果同第一种方式差不多，唯一不同的是它不包含网页中的图片信息，只有文字信息。
- 文本文件，保存文件类型为 ∗.txt。按这种方式保存后会生成一个单一的文本文件，不仅不包含网页中的图片信息，同时网页中文字的特殊效果也不存在。

（步骤3）单击【保存】按钮，完成当前网页的保存。

5.5.3 自定义 Internet Explorer

1. 设置 IE 访问的默认主页

主页是每次用户打开IE浏览器时最先访问的Web页。如果用户对某一个站点的访问特别频繁，可以将这个站点设置为主页。这样，在每次启动IE浏览器时，IE浏览器会首先访问用户设定的主页内容，或在单击工具栏的【主页】按钮时立即显示。

如果要将经常访问的站点设置为主页，具体操作步骤如下：

（步骤1）通过IE在网上找到要设置为主页的Web页。

（步骤2）在IE浏览器窗口中，单击【工具】菜单→【Internet 选项】命令，打开【Internet 选项】对话框，显示【常规】选项卡，如图5-34所示。

（步骤3）在【主页】选项组中，单击【使用当前页】按钮，即可将该Web页设置为主页，或者直接输入需要设置为主页的网站地址。

图 5-34 【常规】选项卡

步骤 单击【确定】或【应用】按钮。

2. 配置临时文件夹

如果要配置临时文件夹，具体操作步骤如下：

步骤1 单击 IE 浏览器的【工具】菜单→【Internet 选项】命令，打开【Internet 选项】对话框，如图 5-35 所示。

步骤2 在【常规】选项卡中单击【Internet 临时文件】设置区中的【设置】按钮，打开【设置】对话框，如图 5-36 所示。

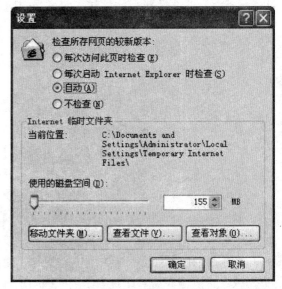

图 5-35 【Internet 选项】对话框　　　　图 5-36 【设置】对话框

步骤 在【设置】对话框中可选择下列操作之一：

- 在【Internet 临时文件夹】设置区中，通过拖动【使用的磁盘空间】下的滑块来改变【Internet 临时文件夹】的大小。
- 单击【移动文件夹】按钮，打开【浏览文件夹】对话框，在这里选择【移动到目标文件夹】，即可将【Internet 临时文件夹】移动到用户选择的文件夹中。
- 单击【查看文件】按钮，打开【Internet 临时文件夹】，在这里可以查看临时保存的网页和其他临时文件。

3. 设置历史记录保存天数以及删除历史记录

用户可以指定网页保存在历史记录中的天数，以及清除历史记录，具体操作步骤如下：

步骤 单击 IE 浏览器【工具】菜单→【Internet 选项】选项，打开【Internet 选项】对话框，如图 5-35 所示。

步骤 在【常规】选项卡的【历史记录】栏中的【网页保存在历史记录中的天数】文本框中输入要保留的天数。

步骤 单击【清除历史记录】按钮，在随后弹出的警示框中单击【是】按钮，即可删除历史记录。

4. 安全性设置

现在的网页不只是静态的文本和图像，页面中还包含了一些 Java 小程序、Active X 控件及其他一些动态和用户交流信息的组件。这些组件以可执行的代码形式存在，从而可以在用户的计算机上执行，它们使整个 Web 变得生动。但是这些组件既然可以在用户的计算机上执行，也就会产生潜在的危险性。

如果要对 IE 浏览器进行安全性设置，例如设置默认级别，具体操作步骤如下：

步骤 单击 IE 浏览器的【工具】菜单→【Internet 选项】命令，打开【Internet 选项】对话框，然后单击【安全】选项卡，如图 5-37 所示。

图 5-37　【安全】选项卡

步骤 2 在【请为不同区域的 Web 内容指定安全设置】设置区中，根据需要选择安全区域。

步骤 3 单击【站点】按钮，可以为选中的【受信任的站点】或【受限制的站点】区域添加或删除网页。

步骤 4 在【该区域的安全级别】设置区中，如果单击【自定义级别】按钮，打开【安全设置】对话框，可以将所列出的项目设置为【禁用】、【启动】或【提示】，并可以对安全级别进行设置；如果单击【默认级别】按钮，弹出默认级别的滑动块，可以通过滑动块进行【高】、【中】、【低】安全级别的设置。

步骤 5 单击【确定】或【应用】按钮，完成设置。

5. 取消自动完成功能

IE 浏览器可以自动记住用户输入的 Web 地址以及在网页表单中输入的数据，如用户名和密码等。这虽然给用户带来一定的方便，但同样也带来了潜在的危险，出于安全的考虑，建议用户取消浏览器的自动完成功能，具体操作步骤如下：

步骤 1 单击【工具】菜单→【Internet 选项】命令，打开【Internet 选项】对话框，单击【内容】选项卡，如图 5-38 所示。

图 5-38 【内容】选项卡

步骤 2 单击【个人信息】设置区中的【自动完成】按钮，打开【自动完成设置】对话框，如图 5-39 所示，使【表单的用户名和密码】复选框处于未选中状态，然后单击【确定】按钮。

6. 快速显示要访问的网页

如果要快速显示要访问的网页，具体操作步骤如下：

步骤 1 单击【工具】菜单→【Internet 选项】命令，打开【Internet 选项】对话框。

步骤 2 单击【高级】选项卡，如图 5-40 所示。

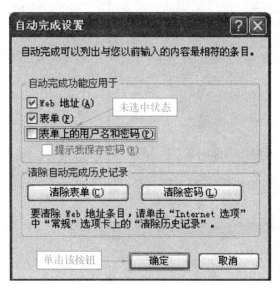
图 5-39 【自动完成设置】对话框

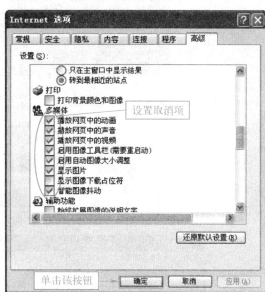
图 5-40 【高级】选项卡

步骤 3 在【多媒体】区域，取消【显示图片】、【播放动画】、【播放视频】或【播放声音】等全部或部分复选框，然后单击【确定】按钮。

5.6 设置 Windows 安全中心

Windows 安全中心是 Windows 系统的一个安全综合控制面板，包含有防火墙状态提示，杀毒软件状态提示，自动更新提示等系统基本安全信息。总的来说，Windows 安全中心可以计算机提供最基本的安全防护。

5.6.1 Windows 防火墙的设置

防火墙是一种用来加强网络之间访问控制，防止外部网络用户以非法手段进入内部网络、访问内部网络资源，保护内部网络操作环境的特殊网络互联设备。

（1）如果要启用防火墙，具体操作步骤如下：

步骤 1 单击【开始】菜单→【控制面板】命令，打开【控制面板】并切换到经典视图窗口，如图 5-41 所示，双击【网络连接】图标，打开【网络连接】窗口。

步骤 2 在【网络连接】窗口中右键单击【本地连接】图标，在弹出的快捷菜单中选择【属性】命令，如图 5-42 所示，打开【本地连接 属性】对话框，如图 5-43 所示。

步骤 3 单击【高级】选项卡，切换至【高级】选项卡，单击【设置】按钮，打开【Windows 防火墙】对话框，如图 5-44 所示。

步骤 4 选中【启用（推荐）】单选按钮。

图 5-41 【控制面板】经典视图

图 5-42 【网络连接】窗口

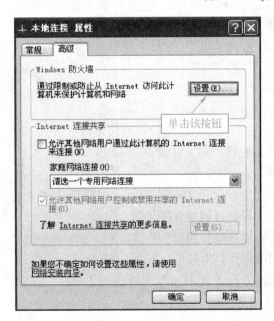

图 5-43 【本地连接 属性】对话框

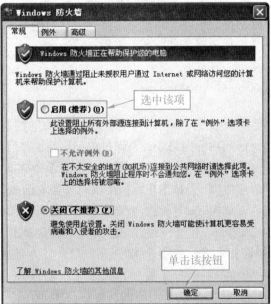

图 5-44 【Windows 防火墙】对话框

步骤5 单击【确定】按钮，即可启用防火墙。

（2）如果要配置防火墙，具体操作如下：

单击【例外】选项卡，在【程序和服务】列表中选中允许通过防火墙的程序，可单击【编辑】或【删除】按钮对程序进行设置，如图5-45所示。

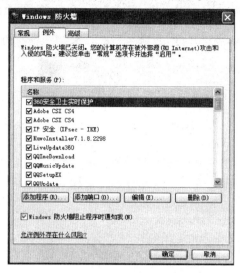

图5-45　通过防火墙程序列表

当有程序需要往外访问，系统会提示是否允许它通过防火墙，如果确定这个程序是安全的程序，就可以允许它通过防火墙，系统会把该程序记录在允许列表中。

5.6.2　Windows 系统的自动更新

（1）设置自动更新，具体操作步骤如下：

步骤1 右键单击【我的电脑】图标，在弹出的快捷菜单中选择【属性】命令，打开【系统属性】对话框，如图5-46所示。

图5-46　【系统属性】对话框

步骤2 单击【自动更新】选项卡，选中【下载更新，但由我来决定什么时候安装】单选按钮，单击【确定】按钮，用户即可自行设置更新的方式和更新的频率。如图 5-47所示。

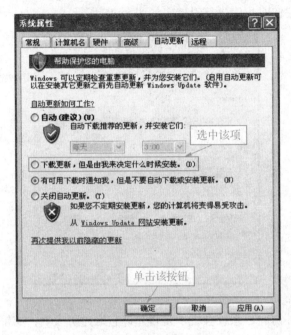

图 5-47 【自动更新】对话框

（2）如果要关闭自动更新，具体操作步骤如下：

步骤1 右键单击【我的电脑】图标，在弹出的快捷菜单中选择【属性】命令，打开【系统属性】对话框。

步骤2 单击【自动更新】选项卡，选中【关闭自动更新】单选按钮，然后单击【确定】按钮。

5.7 上机练习

1. 映射"tools"到 J 盘。

2. 将映射好的网络驱动器"F:"断开。

3. 请将"C:\程序"文件夹设成网络共享，共享名为"学习"，并且不允许其他用户更改文件夹中的文件。

4. 本机处于一局域网中，请利用【网络和 Internet 连接】将本机连接的 IP 地址设置改为自动获取 IP。

5. 请在【控制面板】的分类视图窗口中利用【网络和 Internet 连接】，建立一个用于使用 ADSL 的上网名称为"宽带上网"的连接，用户名为"ym8080"，密码为"a1b2"，创建完成该连接后，在桌面上不显示快捷图标（设置不通过【Internet 属性】对话框，出现【连接】对话框后此题完成）。

6. 利用【网络连接和 Internet】连接建立一个使用拨号调制解调器上网，名称为 abcd 的连接，用户名为 1234，密码为 888，上网使用的电话号码为 86115853，创建完成的连接在桌面上显示快捷方式图标。

7. 修复当前网络连接。

8. 利用【控制面板】，启用 Windows 防火墙。

9. 本计算机为 ABC，请在【控制面板】的经典视图模式下，利用【网络连接】窗口创建一个组名为 MSHOME 的家庭网络，此计算机通过居民区的网关或网络上的其他计算机连接到 Internet，可以共享文件夹和网络打印机，且"计算机描述"为"gpm"，用 I 盘创建网络安装磁盘。

10. 利用【网络和 Internet 连接】窗口设置【本地 Intranet】区域禁用"Java 小程序脚本"。

11. 请通过【网上邻居】访问 yangmei123 计算机上共享的"资料库"文件夹。

12. 从当前窗口开始创建网络资源的快捷方式，要求地址为"Zhf"计算机上的"新建文件夹（2）"文件夹，名称为"图片"。

13. 请从【我的电脑】窗口开始，对【Internet 选项】进行合理设置，设置"允许活动内容在我的计算机上的文件中运行"（操作要求：不允许使用安全中心）。

14. 通过【Internet 选项】，对 Internet 临时文件进行设置，使每次启动 Internet Explorer 时检查所存网页的较新版本。

15. 通过桌面上的网上邻居将计算机的 IP 从 152 修改为 150。

16. 修改【Internet 选项】，将阿拉伯设置为网页使用语言。

17. 通过【控制面板】设置【Internet 属性】，使得网页每次以空白页显示，并删除"临时文件"（包括脱机内容）。

18. 本地连接处于启用状态，请利用【网络和 Internet 连接】，查看本地连接状态，然后禁用本地连接。

19. 设置【Internet 属性】，设置 Internet 程序默认电子邮件组为 Hotmail。

20. 本计算机名为 Yangmei123，请利用已经打开的窗口，创建一个组名为 MSHOME 的小型网络，此计算机通过居民区的网关或网络上的其他计算机与 Internet 连接，不可以共享文件夹和网络打印机，【计算机描述】为"yangmei123"，不需要创建安装磁盘（提示：出现要求重新启动计算机的对话框即完成此题）。

21. 请从【我的电脑】窗口开始，对【Internet 选项】进行合理设置，设置"允许活动内容在我的计算机上的文件中运行"（操作要求：不允许使用安全中心）。

22. 利用 Internet Explorer 浏览器查看历史记录，并打开今天访问百度网站的第一个网页。

23. 设置【Internet 属性】，设置 Internet 网页的字体显示为隶书。

24. 从【性能和维护】界面开始，设置系统每星期日 13：00 自动更新。

上机操作提示（具体操作详见随书光盘中【手把手教学】第 5 章 01～24 题）

1. **步骤1** 右键单击【我的电脑】图标，在弹出的快捷菜单中选择【映射网络驱动器】命令，打开【映射网络驱动器】对话框。

步骤2 单击【浏览】按钮，打开【浏览文件夹】对话框。

步骤3 在列表中选择【tools】选项。

步骤4 单击【确定】按钮，返回【映射网络驱动器】对话框。

步骤5 单击【驱动器】下拉式列表框，选择【J:】。

步骤6 单击【完成】按钮，单击桌面空白处。

2. 步骤1 右键单击【我的电脑】图标，在弹出的快捷菜单中选择【断开网络驱动器】命令，打开【中断网络驱动器连接】对话框。

步骤2 选择【网络驱动器】列表中的【F:】。

步骤3 单击【确定】按钮。

3. 步骤1 单击【程序】文件夹，右键单击【程序】文件夹，在弹出的快捷菜单中选择【共享和安全】命令，打开【程序 属性】对话框。

步骤2 在【网络共享和安全】设置区中选中【在网络上共享这个文件夹】复选框。

步骤3 在【网络共享和安全】设置区中的【共享名】文本框中输入"学习"。

步骤4 单击【确定】按钮，单击工作区内空白处。

4. 步骤1 单击【控制面板】下的【切换到经典视图】超链接。

步骤2 单击【网络连接】，单击【文件】菜单→【打开】命令，打开【网络连接】窗口。

步骤3 单击【本地连接】，单击【文件】菜单→【属性】命令，打开【本地连接 属性】对话框。

步骤4 在【此连接使用下列项目】设置区中双击【Internet 协议（TCP/IP）】选项，打开【Internet 协议（TCP/IP）属性】对话框。

步骤5 在【常规】设置区中选中【自动获得 IP 地址】单选按钮，单击【确定】按钮，返回【本地连接 属性】对话框。

步骤6 单击【关闭】按钮。

5. 步骤1 单击【网络和 Internet 连接】超链接，打开【网络和 Internet 连接】窗口。

步骤2 单击【网络连接】超链接，打开【网络连接】窗口。

步骤3 单击【文件】菜单→【新建连接】命令，打开【新建连接向导】对话框。

步骤4 单击【下一步】按钮。

步骤5 单击【下一步】按钮，选中【手动设置我的连接】单选钮。

步骤6 单击【下一步】按钮，选中【用要求用户名和密码的宽带连接来连接】单选按钮。

步骤7 单击【下一步】按钮，在【ISP 名称】文本框中输入"宽带上网"。

步骤8 单击【下一步】按钮，在【用户名】文本框中输入"ym8080"，在【密码】文本框中输入"a1b2"，在【确认密码】文本框中输入"a1b2"。

步骤9 单击【下一步】按钮。

步骤10 单击【完成】按钮。

6. 步骤1 单击【网络和 Internet 连接】超链接，打开【网络和 Internet 连接】窗口。

步骤2 单击【请参阅】列表中的【网上邻居】选项。

（步骤3）单击【网络任务】列表中的【查看网络连接】选项。

（步骤4）单击【文件】菜单→【新建连接】命令，打开【新建连接向导】对话框。

（步骤5）依次单击【下一步】按钮，选中【手动设置我的连接】单选按钮。

（步骤6）依次单击【下一步】按钮，在【ISP 名称】文本框中输入"abcd"。

（步骤7）单击【下一步】按钮，在【电话号码】文本框中输入"86115853"。

（步骤8）单击【下一步】按钮，在【用户名】文本框中输入"1234"，在【密码】文本框中输入"888"，在【确认密码】文本框中输入"888"。

（步骤9）单击【下一步】按钮，选中【在我的桌面上添加一个到此连接的快捷方式】复选框。

（步骤10）单击【完成】按钮。

7. （步骤1）右键单击桌面上的【网上邻居】图标，在弹出的快捷菜单中选择【打开】命令，打开【网上邻居】窗口。

（步骤2）单击【网络任务】列表中的【查看网络连接】选项。

（步骤3）单击【本地连接】。

（步骤4）单击【文件】菜单→【修复】命令，打开【修复 本地连接】对话框。

（步骤5）单击【关闭】按钮。

8. （步骤1）单击【控制面板】下的【切换到经典视图】超链接。

（步骤2）右键单击【Windows 防火墙】图标，在弹出的快捷菜单中选择【打开】命令，打开【Windows 防火墙】对话框。

（步骤3）在【常规】设置区中选中【启用（推荐）】单选按钮。

（步骤4）单击【确定】按钮，单击窗口空白处。

9. （步骤1）双击【网络连接】图标，打开【网络连接】窗口。

（步骤2）单击【文件】菜单→【新建连接】命令，打开【新建连接向导】对话框。

（步骤3）单击【下一步】按钮，选中【设置家庭或小型办公网络】单选按钮。

（步骤4）单击【下一步】按钮。

（步骤5）单击【完成】按钮。

（步骤6）单击【下一步】按钮。

（步骤7）单击【下一步】按钮。

（步骤8）单击【下一步】按钮，在【计算机描述】文本框中输入"gpm"。

（步骤9）依次单击【下一步】按钮。

（步骤10）单击【完成】按钮。

10. （步骤1）单击【网络和 Internet 连接】，打开【网络和 Internet 连接】窗口。

（步骤2）单击【设置或更改您的 Internet 连接】，打开【Internet 属性】对话框。

（步骤3）单击【安全】选项卡，在【请为不同区域的 Web 内容指定安全设置】列表框中单击【本地 Internet】图标。

（步骤4）单击【自定义级别】按钮，打开【安全设置】对话框。

（步骤5）在【设置】列表框中选中【Java 小程序脚本】下的【禁用】单选按钮。

步骤 6 单击【确定】按钮，弹出【警告】对话框。

步骤 7 单击【是】按钮，返回【Internet 属性】对话框。

步骤 8 单击【确定】按钮。

11. **步骤 1** 右键单击桌面上的【网上邻居】图标，在弹出的快捷菜单中选择【打开】命令，打开【网上邻居】对话框。

步骤 2 单击【网络任务】列表中的【查看工作组计算机】选项，打开【Mshome】对话框。

步骤 3 右键单击【yangmei123】图标，在弹出的快捷菜单中选择【打开】命令，打开【\\Yangmei123】窗口。

步骤 4 右键单击【456】图标，在弹出的快捷菜单中选择【打开】命令，打开【\\Yangmei123\456】窗口。

步骤 5 右键单击【资料库】文件夹，在弹出的快捷菜单中选择【打开】命令，打开【\\Yangmei123\456\资料库】窗口。

12. **步骤 1** 单击【网络任务】列表中的【添加一个网上邻居】选项，打开【添加网上邻居向导】对话框。

步骤 2 依次单击【下一步】按钮。

步骤 3 单击【浏览】按钮，打开【浏览文件夹】对话框。

步骤 4 单击【选择要连接到的网络位置】列表中的【整个网络】选项。

步骤 5 单击【选择要连接到的网络位置】列表→【整个网络】→【Microsoft Windows Network】→【Workgroup】→【Zhf】→【新建文件夹（2）】选项。

步骤 6 单击【确定】按钮，返回【添加网上邻居向导】对话框。

步骤 7 单击【下一步】按钮，在【请键入该网上邻居的名称】文本框中输入"图片"。

步骤 8 单击【下一步】按钮。

步骤 9 单击【完成】按钮。

13. **步骤 1** 单击【更改一个设置】超链接，单击【切换到经典视图】超链接，右键单击【Internet 选项】图标，在弹出的快捷菜单中选择【打开】命令，打开【Internet 属性】对话框。

步骤 2 单击【高级】选项卡，选中【设置】列表中的【允许活动内容在我的计算机上的文件中运行】复选框。

步骤 3 单击【确定】按钮，单击工作区空白处。

14. **步骤 1** 单击【工具】菜单→【Internet 选项】命令，打开【Internet 选项】对话框。

步骤 2 单击【设置】按钮，打开【设置】对话框。

步骤 3 选中【每次启动 Internet Explorer 时检查】单选按钮，单击【确定】按钮。

步骤 4 依次单击【确定】按钮。

15. **步骤 1** 右键单击【网上邻居】，在弹出的快捷菜单中选择【属性】命令，打开【网络连接】窗口。

步骤 2 单击【本地连接】，单击【文件】菜单→【属性】命令，打开【本地连接 属性】对话框。

步骤 单击【此连接使用下列项目】列表框中的【Internet 协议（TCP/IP）】，单击【属性】按钮，打开【Internet 协议（TCP/IP）属性】对话框。

步骤 将【IP 地址】改为【192.168.1.150】，单击【确定】按钮。

步骤 单击【关闭】按钮。

16. 步骤 单击【切换到经典视图】超链接，双击【Internet 选项】图标，打开【Internet 属性】对话框。

步骤 单击【语言】按钮，打开【语言首选项】对话框。

步骤 单击【添加】按钮，打开【添加语言】对话框。

步骤 单击【语言】列表框中的【阿拉伯语［ar］】，单击【确定】按钮。

步骤 依次单击【确定】按钮。

17. 步骤 单击【切换经典视图】超链接，双击【Internet 选项】，打开【Internet 属性】对话框。

步骤 单击【使用空白页】按钮，单击【删除文件】按钮，打开【删除文件】警告对话框。

步骤 选中【删除所有脱机内容】复选框，单击【确定】按钮。

步骤 单击【确定】按钮。

18. 步骤 单击【网络和 Internet 连接】超链接，打开【网络和 Internet 连接】窗口。

步骤 单击【请参阅】下的【网上邻居】，打开【网上邻居】窗口。

步骤 单击【网络任务】列表框中的【查看网络连接】，打开【网络连接】窗口。

步骤 单击【本地连接】，单击【文件】菜单→【状态】命令，打开【本地连接 状态】对话框。

步骤 单击【禁用】按钮，单击工作区空白处。

19. 步骤 单击【工具】菜单→【Internet 选项】命令，打开【Internet 选项】对话框。

步骤 单击【程序】选项卡，单击【电子邮件】列表框，在弹出的列表中选择【Hotmail】。

步骤 单击【确定】按钮。

20. 步骤 右键单击【网络连接】，选择右键菜单下的【打开】命令，打开【网络连接】窗口。

步骤 单击【文件】菜单→【新建连接】命令，打开【新建连接向导】对话框。

步骤 单击【下一步】按钮，选中【设置家庭或小型办公网络】单选钮。

步骤 单击【下一步】按钮。

步骤 单击【完成】按钮。

步骤 依次单击【下一步】按钮，选中【此计算机通过居民区的网关或网络上的其他计算机连接到 Internet（M）】单选按钮。

步骤 单击【下一步】按钮，在【计算机描述】文本框中输入"yangmei123"。

步骤 单击【下一步】按钮，在【工作组名】文本框中输入"MSHOME"。

步骤 单击【下一步】按钮，选中【关闭文件和打印机共享】单选按钮。

步骤10 单击【下一步】按钮。

步骤11 单击【下一步】按钮。

步骤12 选中【完成该向导。我不需要在其他计算机上运行该向导】单选按钮。

步骤13 单击【下一步】按钮。

步骤14 单击【完成】按钮。

21. **步骤1** 单击【更改一个设置】超链接，单击【切换到经典视图】超链接，右键单击【Internet 选项】，在弹出的快捷菜单中选择【打开】命令，打开【Internet 属性】对话框。

步骤2 单击【高级】选项卡，选中【设置】列表框中的【允许活动内容在我的计算机上的文件中运行】复选框。

步骤3 单击【确定】按钮，单击工作区空白处。

22. **步骤1** 右键单击桌面上的【Internet Explorer】，在弹出的快捷菜单中选择【打开】命令，打开浏览网页界面。

步骤2 单击工具栏中的【历史】按钮，单击【历史记录】列表中的【今天】，单击【baidu】，单击【百度一下，你就知道】。

23. **步骤1** 单击【工具】菜单→【Internet 选项】命令，打开【Internet 选项】对话框。

步骤2 单击【字体】按钮，单击【网页字体】列表框中的【隶书】。

步骤3 依次单击【确定】按钮。

24. **步骤1** 单击【控制面板】下的【切换到分类视图】超链接，单击【性能和维护】超链接，打开【性能和维护】窗口。

步骤2 单击【查看您的电脑的基本信息】超链接，打开【系统属性】对话框。

步骤3 单击【自动更新】选项卡，选中【自动（建议）】单选按钮，单击内容为【每天】的列表框，在弹出的列表中选择【每星期日】，单击内容为【3:00】的列表框，在弹出的列表中选择【13:00】。

步骤4 单击【确定】按钮。

第6章 Windows XP附件

Windows XP 的【附件】程序组中，附带了一系列实用工具程序，如用于简单处理图片的【画图】、用于计算数值的【计算器】和用于查看并编辑文字的【写字板】等程序。这些应用程序简单易学，方便实用。

6.1 计算器的使用

【计算器】可以帮助用户完成运算，它可分为标准计算器和科学计算器两种，标准计算器可以完成日常工作中简单的算术运算，科学计算器可以帮助用户完成复杂的运算。

6.1.1 标准型计算器的使用

标准计算器可以完成日常工作中简单的算术运算，它的使用方法与日常生活中所使用的计算器一样，通过鼠标单击计算器上的按钮来取值，也可以通过从键盘上输入来操作，如图 6-1 所示。

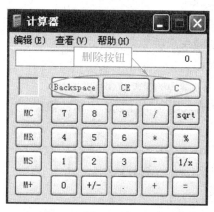

图6-1 【标准型】计算器

对于两个数字的算术运算，可直接单击计算器上的按钮和符号或者从键盘上输入相应的数字和符号即可完成。如果输入有误，可单击【退格】按钮或按〈BackSpace〉键将其删除，也可单击数字删除按钮【CE】和算式删除按钮【C】全部删除。

6.1.2 科学型计算器的使用

科学计算器可以完成较为复杂的科学运算，比如函数运算等，运算的结果不能直接保

存，而是将结果存储在内存中，以供粘贴到别的应用程序和其他文档中，利用科学型计算器还可以实现二进制、八进制、十进制和十六进制数字之间的转换及计算，也可以进行弧度和角度之间的转换，如图 6-2 所示。

图 6-2 【科学型】计算器

计算器中各英文的含义如下：

- Backspace：删除当前输入的最后一位数。
- CE：清除当前显示的数，不影响已经输入的数。
- C：清除当前的计算，开始新的计算。
- MC：清除存储器中的数据。
- MR：调用存储器中的数据。
- MS：存储当前显示的数据。
- M＋：将显示的数据加到存储器中，与已存入的数据相加。
- Mod：求模（即整数相除求余数）。
- And：按位与，Or 按位或，Xor 按位异或。
- Lsh：左移，Not 按位取反，Int 取整数部分。
- pi：圆周率，Exp 允许输入用科学计数法表示的数字。
- dms：度分秒切换。
- cos：余弦，sin 正弦，tan 正切。
- log：常用对数，n! 阶乘，ln 自然对数。
- F-E：科学计数法开关。

6.2 记事本的使用

【记事本】是一个用来创建简单文档的基本文本编辑器，常用于查看或编辑文本（.txt）文件，【记事本】也是创建网页的简单工具。【记事本】仅支持基本的格式，所以在为网页创建 HTML 文档时它特别有用。在默认情况下，刚启动的【记事本】，自动建立一个空白的文本文件，如图 6-3 所示。

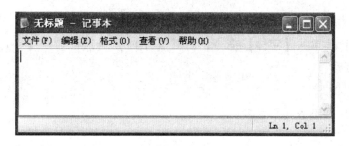

图6-3 【记事本】窗口

1. 查找或替换特定的字或词

单击【编辑】菜单→【查找】命令，打开【查找】对话框，如图6-4所示，在【查找内容】文本框中，输入要查找的字或词，单击【查找下一个】按钮。

图6-4 【查找】对话框

单击【编辑】菜单→【替换】命令，打开【替换】对话框，如图6-5所示，在【替换为】文本框中输入要替换为的字或词。用户可根据自己需求单击【替换】或【全部替换】按钮。

图6-5 【替换】对话框

2. 剪切、复制、粘贴或删除文本

- 要剪切文本，首先选定文本，然后单击【编辑】菜单→【剪切】命令或按〈Ctrl + X〉键。
- 要复制文本，首先选定文本，然后单击【编辑】菜单→【复制】命令或按〈Ctrl + C〉键。
- 要粘贴剪切或复制的文本，首先将光标置于要粘贴文本的位置，然后单击【编辑】菜单→【粘贴】命令或按〈Ctrl + V〉键。
- 要删除文字，首先选定它，然后单击【编辑】菜单→【删除】命令或按〈Delete〉键。

3. 更改字形和大小

单击【格式】菜单→【字体】命令，打开【字体】对话框。在【字体】、【字形】和【大小】中进行选择。

4. 根据窗口大小换行

单击【格式】菜单→【自动换行】命令。

5. 打印记事本文档

单击【文件】菜单→【打印】命令，打开【打印】对话框，在【常规】选项卡上，选择所需的打印机和选项，然后单击【打印】按钮，如图6-6所示。

图6-6 【打印】窗口

6.3 写字板的使用

【写字板】是一个使用简单，但功能强大的文字处理程序，用户可以利用它进行日常工作中文件的编辑。它不仅可以进行中英文文档的编辑，而且还可以图文混排，插入图片、声音、视频剪辑等多媒体资料。

6.3.1 认识写字板

单击【开始】菜单→【所有程序】→【附件】→【写字板】命令，打开【写字板】界面，如图6-7所示。由图可以看出它由标题栏、菜单栏、工具栏、格式栏、水平标尺、工作区和状态栏几部分组成。

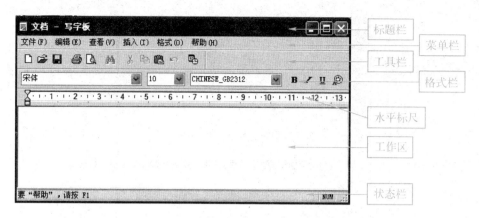

图 6-7 【写字板】窗口

6.3.2 新建文档

当用户需要新建一个文档时，单击【文件】菜单→【新建】命令，打开【新建】对话框，选择新建文档的类型，默认为 RTF 格式的文档。单击【确定】按钮，即可新建一个文档进行文字输入，如图 6-8 所示。

图 6-8 新建【写字板】

设置好文件格式后，还要进行页面的设置，单击【文件】菜单→【页面设置】命令，打开【页面设置】对话框，用户可以选择纸张的大小、来源及使用方向，还可以进行页边距的调整，如图 6-9 所示。

6.3.3 字体及段落格式

当用户设置好文件的类型及页面后，就要进行字体及段落格式的选择，如果文件用于正式场合，要选择庄重的字体，反之，可以选择一些轻松活泼的字体。可以直接在格式栏中进行字体、字形、字号和字体颜色的设置，也可以单击【格式】菜单→【字体】命令来实现，选择这一命令后，打开【字体】对话框，如图 6-10 所示。

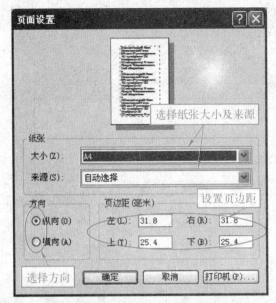

图 6-9 【页面设置】对话框

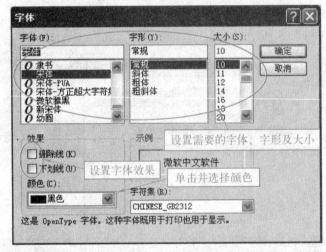

图 6-10 【字体】对话框

（1）在【字体】的列表框中有多种中英文字体可供选择，默认为【宋体】，在【字形】中可以选择常规、斜体等，在字体的大小中，字号用阿拉伯数字标识的，字号越大，字体就越大，而用汉语标识的，字号越大，字体反而越小。

（2）在【效果】中可以添加删除线、下画线，可以在【颜色】的下拉列表框中选择需要的字体颜色，【示例】中显示了当前字体的状态，它随改动而变化。在设置段落格式时，可以单击【格式】菜单→【段落】命令，打开【段落】对话框，如图 6-11 所示。

在段落中缩进是指输入段落的边缘离已设置好的页边距的距离，可以分为三种：

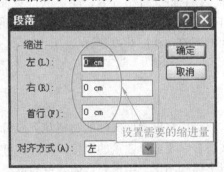

图 6-11 【段落】对话框

- 左缩进：指输入的文本段落的左侧边缘离左页边距的距离。
- 右缩进：指输入的文本段落的右侧边缘离右页边距的距离。
- 首行缩进：指输入的文本段落的第一行左侧边缘离左缩进的距离。在【段落】对话框中，输入所需要的数值，它们都是以 cm 为单位的。确定后，文档中的段落会发生相应的改变。调整缩进时，也可以通过调节水平标尺上的小滑块位置来改变缩进设置。

在【段落】中，有左对齐、右对齐和居中对齐三种对齐方式。也可以直接在格式栏上单击【左对齐】、【居中对齐】和【右对齐】按钮来进行文本的对齐。在编写一些属于并列关系的内容时，如果加上项目符号，可以使全文简洁明了，更加富有条理性。先选中所要操作的对象，然后单击【格式】菜单→【项目符号样式】命令，也可以在格式栏上单击项目符号按钮来添加项目符号。

6.3.4 编辑文档

编辑功能是写字板的核心，通过各种方法，比如复制、剪切、粘贴等操作，使文档能符合用户的需要，下面简单介绍几种常用的操作：

- 选择：按下鼠标左键不放手，在所需要操作的对象上拖动，当文字呈反像显示时，说明已经选中对象。当需要选择全文时，单击【编辑】菜单→【全选】命令或按〈Ctrl＋A〉组合键，即可选定文档中的所有内容。
- 删除：当用户选定不再需要的对象进行清除时，可以按〈Delete〉键，也可以单击【编辑】菜单→【清除】或【剪切】命令，即可删除内容，所不同的是，【清除】是将内容放入到回收站中，而【剪切】是把内容存入了剪贴板中，可以进行还原粘贴。
- 移动：首先选中对象，当被选中对象呈反像显示时，按住鼠标左键拖动到所需的位置再释放鼠标，即可完成移动的操作。
- 复制：如要对文档内容进行复制时，可以先选定对象，单击【编辑】菜单→【复制】命令或按〈Ctrl＋C〉键。移动与复制的区别在于进行移动操作后，原来位置的内容被清除，而复制后，原来的内容还存在。
- 查找和替换：单击【编辑】菜单→【查找】和【替换】就可以找到要查找的内容。在进行【查找】时，单击【编辑】菜单→【查找】命令，打开【查找】对话框，可以在【查找内容】文本框中输入要查找的内容，单击【查找下一个】按钮即可，如图 6-12 所示。

图 6-12 【查找】对话框

- 全字匹配：主要针对英文的查找，选择后，只有找到完整的单词，才会出现提示，而其缩写则不会被查找到。

● 区分大小写：当选择后，在查找的过程中，会严格区分大小写。

如果需要某些内容的替换时，可以单击【编辑】→【替换】命令，打开【替换】对话框，如图 6-13 所示。

图 6-13 【替换】对话框

在【查找内容】文本框中输入原来的内容，在【替换为】文本框中输入要替换后的内容，输入完成后，单击【查找下一处】按钮，即可查找到相关内容，如果单击【替换】按钮，就只替换一处的内容；如果单击【全部替换】按钮，则在全文中进行替换。

6.3.5 插入菜单

在创建文档的过程中，常常要进行时间的输入，利用【插入】菜单可以方便地插入当前的日期和时间，以及各种格式的图片和声音等。

（1）如果要在文档中插入时间、日期，具体操作步骤如下：

将光标置于要插入的位置。

单击【编辑】菜单→【日期和时间】命令，打开【日期和时间】对话框，根据需要选择时间日期，如图 6-14 所示。

单击【确定】按钮。

（2）如果在写字板中插入多种对象，具体操作步骤如下：

单击【插入】菜单→【对象】命令，打开【插入对象】对话框，如图 6-15 所示。

图 6-14 【日期和时间】对话框

图 6-15 【插入对象】对话框

选择要插入的对象，在【结果】中显示了对所选项的说明，单击【确定】按钮后，系统将打开所选的程序，执行所需内容的插入。

6.4 画图的使用

画图是一种位图绘制程序，利用这一工具可以创建一些简单的图形、图标等，还可以把这些创建好的图片应用到其他文档中。

6.4.1 界面的构成

【画图】程序是一个位图编辑器，可以对各种位图格式的图画进行编辑，也可以对扫描的图片进行编辑修改，编辑完成后以 BMP、JPG 或 GIF 等格式存档，还可发送到桌面其他文本文档中，如图 6-16 所示。下面简单介绍一下程序界面的构成：

图6-16 打开的【画图】窗口

- 标题栏：标明正在使用的程序和正在编辑的文件。
- 菜单栏：提供操作时要用到的各种命令。
- 工具箱：包含十六种常用的绘图工具和一个辅助选择框，提供多种选择。
- 颜料盒：由多种颜色的小色块组成，可以随意改变绘图颜色。
- 状态栏：内容随光标的移动而改变，标明当前鼠标所处位置的信息。
- 绘图区：处于整个界面的中心，提供画布。

6.4.2 页面设置

在使用画图程序之前，首先要根据自己的实际需要进行画布的选择，也就是要进行页面设置，确定所要绘制的图画大小以及各种具体的格式。单击【文件】菜单→【页面设置】命令，打开【页面设置】对话框，根据需要完成设置，如图6-17所示。

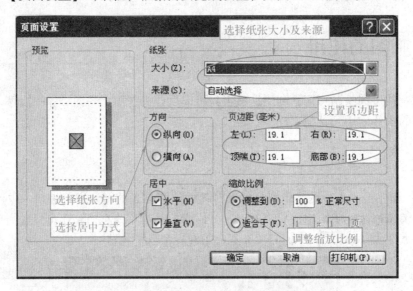

图6-17 【页面设置】窗口

在【纸张】选项组中，单击【大小】列表框，在弹出的列表中可以选择纸张的大小及来源，可通过选中【纵向】和【横向】单选按钮来选择纸张的方向，还可进行页边距及缩放比例的调整，当设置完成后，单击【确定】按钮，就可以进行绘画的工作了。

6.4.3 认识工具箱

在【工具箱】中，提供了十六种常用的工具，每选择一种工具时，在下面的辅助选择框中会出现相应的信息，比如选择【放大镜】工具时，会显示放大的比例，选择【刷子】工具时，会出现刷子大小及显示方式的选项，如图6-18所示。

6.4.4 绘制图形

绘制图形的过程包括绘图工具的选择、线条宽度和形状的选择、颜色的选择和图形的绘制与保存。

1. 选择绘图工具

工具箱中的工具就像画家手中的画笔，用它们可以画出优美的图

图6-18 绘图工具箱

画。工具箱中的工具主要有：任意形状的裁剪、选定、橡皮/彩色橡皮擦、用颜色填充、取色、放大镜、铅笔、刷子、喷枪、文字、直线、曲线、矩形、多边形、椭圆和圆角矩形等。画图默认的工具是铅笔，如果需要使用另一种工具，左键单击要使用的工具，即可选定。

2. 线条宽度的选择

选择作图工具后，例如选择刷子，工具箱下面的选择框内就出现线条尺寸和形状，如

图6-19所示，左键单击待选对象，就确定了刷子的形状和线条。

3. 颜色的选择

从颜料盒上找到所需的前景颜色，单击鼠标左键，选择前景颜色；找到所需的背景颜色，单击鼠标右键，选择背景颜色。如果自己调配新的颜色，可以在调色板中双击，弹出【编辑颜色】对话框，如图6-20所示，可以编辑颜色和自定义颜色。

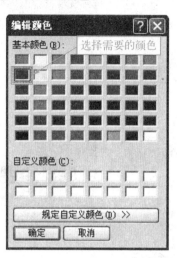

图6-19 设置刷子形状及线条　　　　图6-20 【编辑颜色】对话框

4. 绘图

这些工具都选好以后，开始绘图。绘图主要用鼠标来操作，左右键配合使用。有的绘图工具，需配合键盘使用，具体操作如下：

* 绘制直线

步骤① 单击工具箱下方出现的直线工具＼。

步骤② 在工具箱下方的选择框选择一种线宽。

步骤③ 在画面上按住鼠标左键拖动到满意位置为止。

步骤④ 释放鼠标左键，一条直线绘制完成。

如果按住〈Shift〉键的同时按住鼠标左键并拖动，可以画出水平、垂直或45°方向的直线，如图6-21所示。

* 绘制曲线

步骤① 单击工具箱中的曲线工具？。

步骤② 在选择框中选择线宽，在画面中拖动鼠标画出一条直线。

步骤③ 单击直线上要变成弧的某一段，然后拖动鼠标调整曲线形状。

步骤④ 重复上一步，再次调整曲线形状。

* 绘制椭圆和矩形

步骤① 单击椭圆◯或矩形工具▢。

步骤② 在选择框中选择一种填充方式，在画面上拖动鼠标至适当的大小。

步骤③ 释放鼠标即可画出一个椭圆或矩形。

如果按住〈Shift〉键的同时画椭圆或矩形，则可以画出圆或正方形。

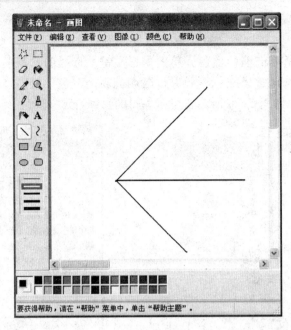

图 6-21　绘制 45°角的直线

● 绘制多边形

步骤一　单击多边形工具 ▲。

步骤二　在工具箱下方，单击填充形式。

步骤三　拖动指针，即可绘制直线。

步骤四　在想要新线段出现的每个位置单击一次。

步骤五　完成后双击。

如果仅使用45°或90°角，在拖动指针时按住〈Shift〉键即可。

● 绘制随意图形

利用铅笔 ✐、刷子 ▨ 和喷枪工具 ▨ 也可以绘制图形。先选择其中的某一个工具，在画面上按下鼠标左键并拖动，随鼠标的移动就能够画出任意形状的图形。

● 输入文字

步骤一　单击工具箱中的【文字工具】 **A**。

步骤二　在画面中拖动鼠标拉出一个文字框，此时屏幕上自动弹出一个【字体】工具栏，如图6-22所示。在字体工具栏中选择字体、字号等，在颜色盒选择颜色。

步骤三　单击文字框内的任意位置确定插入点，再输入文字。

步骤四　如果要在彩色背景上插入文字，不想将现有的背景覆盖，则单击选择框中的按钮。

步骤五　输入完成后，单击文字框外的任意区域，文字就显示在画面上了。

5. 橡皮擦工具 ▨

在图像中，对不满意的线条或者不需要的内容，用橡皮擦工具可以将其删除。

6. 保存图形

绘画完成后，单击【文件】菜单→【保存】或【另存为】命令，将所画的图片存盘，

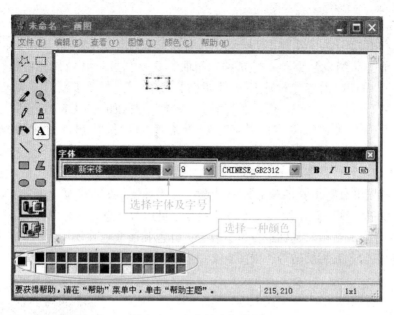

图6-22 文字输入与编辑

并指定一个文件名，默认的文件扩展名是 .bmp。在绘画过程中应边绘制边存储，以防发生意外。

7. 设置墙纸

单击【文件】菜单中的【设置为墙纸（居中）／（平铺）】命令，可将绘制的图片设置为墙纸背景。

6.4.5 高级绘图技术

高级绘图技术包括图像的翻转和旋转、拉伸和扭曲、颜色的反转等。

（1）图像的翻转和旋转，具体操作步骤如下：

步骤1 利用【任意形状的裁剪】或【选定】工具选定要翻转和旋转图像的区域。

步骤2 单击【图像】菜单→【翻转和旋转】命令，打开【翻转和旋转】对话框，如图6-23所示。对话框中有【水平翻转】、【垂直翻转】和【按一定角度旋转】选项，选择自己需要的一种，单击【确定】按钮，图像则按要求旋转或翻转。

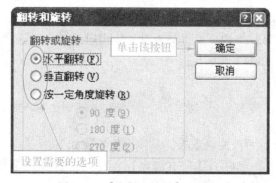

图6-23 【翻转和旋转】对话框

（2）图像的拉伸和扭曲，具体操作步骤如下：

步骤1 利用【任意形状的裁剪】或【选定】工具选定要拉伸或扭曲图像的区域。

步骤2 单击【图像】菜单→【拉伸和扭曲】命令，打开【拉伸和扭曲】对话框，如图 6-24 所示。对话框中有【拉伸】和【扭曲】设置区。如果要拉伸，则在【拉伸】文本框中输入要拉伸的水平和垂直方向的百分比；如果要扭曲，则在【扭曲】文本框中输入要扭曲的垂直方向和水平方向的角度，单击【确定】按钮，图像则按要求拉伸或扭曲。

（3）颜色的反转，具体操作步骤如下：

步骤1 利用【任意形状的裁剪】或【选定】工具选定要反转颜色的区域。

步骤2 单击【图像】菜单→【反色】命令，可以改变选定区域的颜色。反色时，白色变成黑色、黑色变成白色。其他颜色也会改变：红色和浅蓝色互相反转，黄色和深蓝色互相反转，绿色和淡紫色互相反转等，如图 6-25 所示。

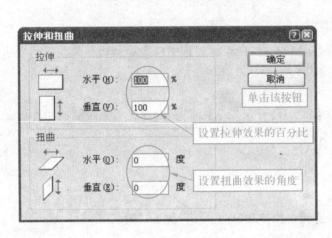

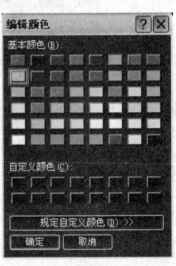

图 6-24 【拉伸和扭曲】对话框　　　　　　　图 6-25 【反色】命令效果

6.5　通讯簿的使用

使用通讯簿，可以将联系人的各种信息存储下来，例如电话号码，邮件地址、家庭住址及业务电话、公司地址等。当用户发送邮件时，使用通讯簿可以帮助用户方便查找到该联系人，并链接到该联系人的邮件地址上。

6.5.1　添加联系人

如果要在【通讯簿】中添加联系人，具体操作步骤如下：

步骤1 单击【开始】菜单→【所有程序】→【附件】→【通讯簿】命令，打开【通讯簿】对话框，如图 6-26 所示。

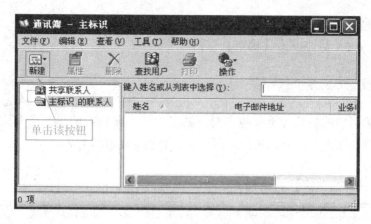

图 6-26 【通讯簿】对话框

步骤2 单击【文件】菜单→【新建联系人】命令，或单击工具栏中的【新建】按钮，在弹出的下拉菜单中单击【新建联系人】命令，打开【属性】对话框，如图 6-27 所示。

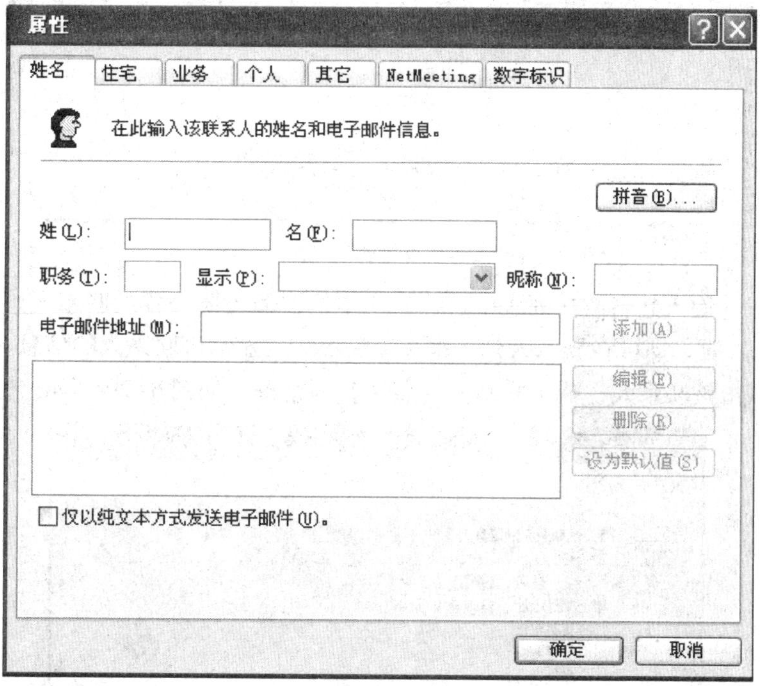

图 6-27 【属性】对话框

步骤3 输入联系人的姓名、职务、昵称、电子邮件地址等信息。输入电子邮件地址时，应先将其输入到【电子邮件地址】文本框中，单击【添加】按钮，将其添加到电子邮件地址列表框中。

- 如果需对其进行编辑，可以选中该地址。单击【编辑】按钮，当其变为编辑状态后，编辑该地址即可。
- 如果要将其设置为默认的电子邮件地址，可以双击该地址，或选中该地址，单击【设为默认值】按钮即可。

- 如果要将该地址删除，可以选中该地址，单击【删除】按钮。

步骤2 输入完毕后，单击【确定】按钮即可。

6.5.2 查看联系人信息

当【通讯簿】中的联系人越来越多时，要查看某个联系人的信息会非常麻烦，这时可以使用【通讯簿】中提供的查找功能进行查找，具体操作方法如下：

方法1

步骤1 打开【通讯簿】对话框，如图6-28所示。

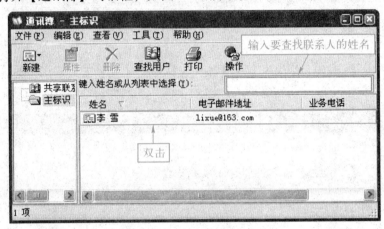

图6-28 【通讯簿】对话框

步骤2 在【键入姓名或从列表中选择】文本框中输入要查找的联系人姓名，输入完成后，按〈Enter〉键，即可在联系人列表框中以反像方式显示该联系人的信息。

步骤3 双击该联系人，弹出联系人【属性】对话框，如图6-29所示。

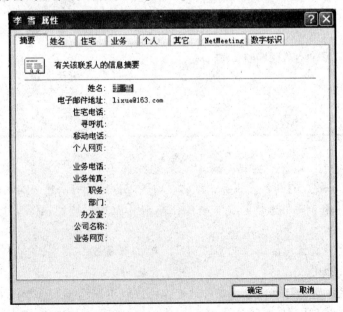

图6-29 联系人【属性】对话框

步骤04 在【摘要】选项卡中显示了该联系人的摘要信息。如果要为该联系人添加信息，可以在其相应的选项卡中输入相应的信息。通过【键入姓名或从列表中选择】文本框进行查找（只可以在知道联系人姓名的前提下进行）。

方法2

步骤01 打开【通讯簿】对话框，如图6-28所示。

步骤02 单击工具栏中的【查找用户】按钮，打开【查找用户】对话框，如图6-30所示。

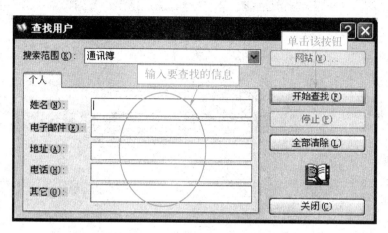

图6-30 【查找用户】对话框

步骤03 在文本框中输入要查找的信息项，单击【开始查找】按钮。

步骤04 查找结束后，在【查找用户】对话框下面的列表框中将显示查找到的联系人的信息，如图6-31所示。

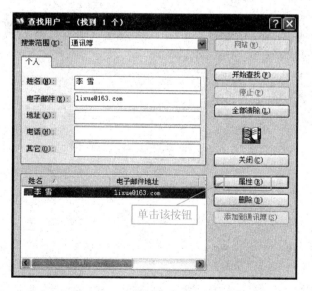

图6-31 显示查找到联系人信息

步骤05 单击【属性】按钮，可查看该联系人的详细信息，如图6-29所示。

6.5.3 使用【通讯簿】选择收件人

【通讯簿】使用户收发电子邮件更加方便，具体操作步骤如下：

步骤① 单击【开始】菜单→【所有程序】→【Outlook Express】命令，打开【Outlook Express】窗口，如图6-32所示。

图6-32 【Outlook Express】窗口

步骤② 单击工具栏中的【创建邮件】按钮，创建一个新邮件。

步骤③ 单击【收件人】按钮，打开【选择收件人】对话框，如图6-33所示。

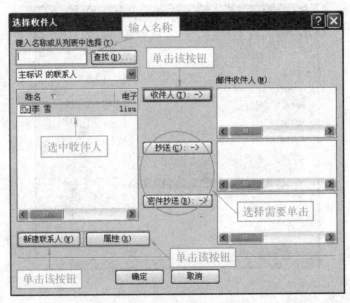

图6-33 【选择收件人】对话框

步骤4 根据需要选择下列操作：

- 在【键入名称或从列表中选择】文本框中输入名称或单击【查找】按钮，可以对收件人进行查找。
- 在联系人列表框中选中收件人后，单击【收件人】按钮，即可将其添加到【邮件收件人】列表框中，设为收件人。
- 单击【抄送】按钮，可将该联系人设为抄送人。
- 单击【密件抄送】按钮，可将该邮件作为密件，发给该收件人。
- 单击【新建联系人】按钮，可在通讯簿中添加联系人。
- 单击【属性】按钮，可查看选中联系人的详细信息。

步骤5 设置完毕后，单击【确定】按钮。

6.5.4 创建联系人组

如果经常要将同一邮件发送给多个联系人，可以给多个联系人创建一个联系人组，这样在发送邮件时，就可以同时将邮件发送给联系人组中的所有联系人，而不必一个个地发送。

如果要创建联系人组，具体操作步骤如下：

步骤1 打开【通讯簿】对话框，如图6-28所示。

步骤2 单击工具栏中的【新建】按钮，在其下拉菜单中单击【新建组】命令，或单击【文件】菜单→【新建组】命令，打开【属性】对话框，如图6-34所示。

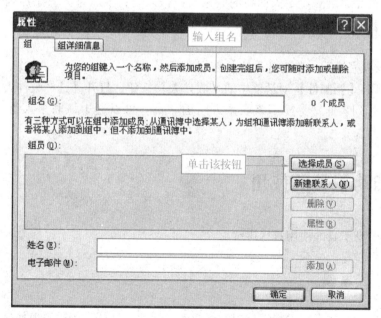

图6-34 【属性】对话框

步骤3 在【组名】文本框中输入为该组起的名称，单击【选择成员】按钮，打开【选择组成员】对话框，如图6-35所示。

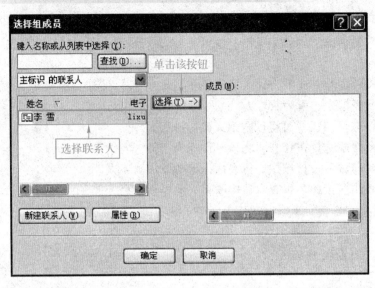

图 6-35 【选择组成员】对话框

步骤5 在【联系人】列表框中选定要添加到组的联系人，单击【选择】按钮，将其添加到【成员】列表框中。

步骤6 单击【确定】按钮，回到【属性】对话框中。

步骤7 在【组员】列表框中将显示添加到该组的所有联系人。单击【新建联系人】按钮，可以在组和【通讯簿】中添加新的联系人；如果要将某联系人只添加到组中，而不添加到【通讯簿】中，可以在【姓名】和【电子邮件】文本框中输入该联系人的信息，单击【添加】按钮。

步骤8 设置完毕后，单击【确定】按钮即可。

步骤9 单击【新邮件】对话框中的【收件人】按钮，打开【选择收件人】对话框，其中的【联系人】列表框，将显示该联系人组的名称。可以选中该联系人组作为邮件的接收人。

6.6 辅助工具的使用

下面将对辅助工具的使用进行讲解。

6.6.1 放大镜

放大镜是针对那些有轻度视觉障碍的用户而设计的，使用放大镜可以使这些用户更容易地阅读屏幕上的内容。

如果要使用放大镜，具体操作步骤如下：

步骤1 单击【开始】菜单→【所有程序】→【附件】→【辅助功能】→【放大镜】命令，打开【Microsoft 放大镜】对话框，如图 6-36 所示。

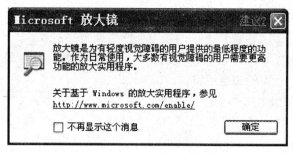

图 6-36　【Microsoft 放大镜】对话框

同时在屏幕上将出现放大镜的窗口，默认状态下该窗口中显示的内容随鼠标的移动而改变，如图 6-37 所示。

图 6-37　显示放大镜

单击【Microsoft 放大镜】对话框中的【确定】按钮，显示【放大镜设置】对话框，如图 6-38 所示。

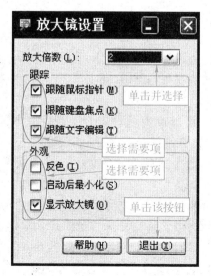

图 6-38　【放大镜设置】对话框

步骤 4 根据需要选择下列操作：

- 在该对话框中【放大倍数】下拉列表中选择要放大的倍数。
- 在【跟踪】选项组中可以设置放大镜窗口中的显示内容是否跟随鼠标指针、是否跟随键盘焦点及是否跟随文字编辑。
- 在【外观】选项组中选择是否以反色显示。如果以白色背景黑色字体显示，在选中【反色】复选框后，将以黑色背景白色字体显示；如果选中【启动后最小化】复选框，就在启动放大镜后，【放大镜设置】对话框将最小化到任务栏中；如果选中【显示放大镜】复选框，就显示放大镜的窗口。

步骤 5 单击【退出】按钮，可退出【放大镜】辅助功能程序。

6.6.2 使用屏幕键盘

屏幕键盘是专为一些行动有障碍的用户而设计的，用户可以利用鼠标选择屏幕键盘中的相应键来操作计算机。

1. 打开屏幕键盘

单击【开始】菜单→【所有程序】→【附件】→【辅助功能】→【屏幕键盘】命令，打开【屏幕键盘】对话框，如图 6-39 所示。

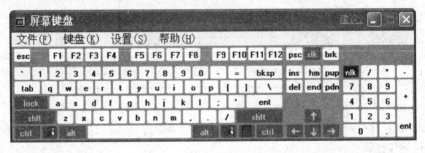

图 6-39 【屏幕键盘】对话框

2. 调整屏幕键盘

要对键盘进行一些调整，可以单击【键盘】菜单，在弹出的下拉菜单中可选择增强型键盘或标准键盘、常用布局或块状布局、101 键、102 键或 106 键。

3. 设置屏幕键盘

要对屏幕键盘进行设置，可以单击【设置】菜单，在其下拉菜单中有【前端显示】、【使用单击声响】、【击键模式】和【字体】四个设置命令：

- 如果选择【前端显示】命令，则【屏幕键盘】对话框始终显示在所有对话框或应用程序的最前面。
- 如果选择【使用单击声响】命令，则可添加选择键时的单击声。
- 如果选择【击键模式】命令，可打开【击键模式】对话框，如图 6-40 所示。
- 单击【字体】命令，打开【字体】对话框，如图 6-41 所示。在该对话框中可以设置【屏幕键盘】中键位显示文字的字体、字形、大小等。

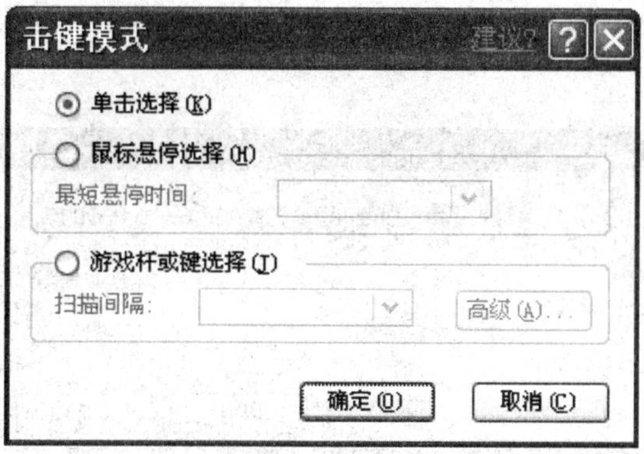

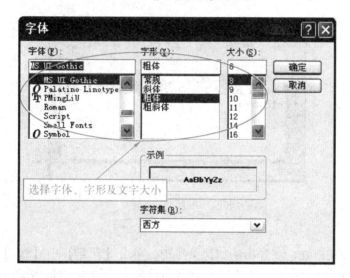

图6-40 【击键模式】对话框

图6-41 【字体】对话框

6.7 剪贴板的使用

剪贴板内置在 Windows 中，并且使用系统的内部资源 RAM 或虚拟内存来临时保存剪切和复制的信息，可以存放的信息种类是多种多样的。

6.7.1 打开剪贴簿查看器

一般情况下，剪贴板是隐藏着的，因为用户不是要查看上面的具体内容，而是利用它来粘贴资料，按〈Ctrl + C〉组合键复制内容到剪贴板中，按〈Ctrl + V〉组合键粘贴或右键单击粘贴对象，在弹出的菜单中单击【粘贴】命令。

如果要打开剪贴簿查看器，具体操作方法如下：

方法1

单击【开始】菜单→【运行】命令，打开【运行】对话框，如图6-42所示，在【打

开】文本框中输入"clipbrd"，单击【确定】按钮或按〈Enter〉键，打开【剪贴簿查看器】窗口，如图6-43所示。

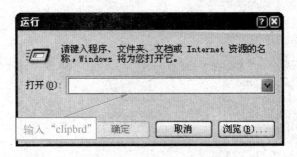

图6-42 【运行】对话框

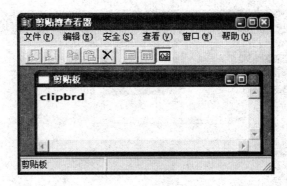

图6-43 【剪贴簿查看器】窗口

方法2

右键单击桌面空白处，在弹出的快捷菜单中，单击【新建】→【快捷方式】命令，打开【创建快捷方式】对话框，在【请键入项目位置】文本框中输入"C：\Windows\system32\clipbrd.exe"。单击【下一步】按钮，单击【完成】按钮，双击桌面上的快捷方式，即查看快捷方式中的内容。

6.7.2　保存与删除剪贴板内容

（1）如果要保存剪贴板内容，具体操作步骤如下：

步骤1 打开【剪贴簿查看器】窗口，如图6-43所示。

步骤2 单击【文件】菜单→【另存为】命令，打开【另存为】对话框，如图6-44所示。

步骤3 选择文件的保存位置和保存类型，在【文件名】文本框中输入文件名。

步骤4 单击【确定】按钮。

（2）如果要删除剪贴板内容，具体操作步骤如下：

步骤1 打开【剪贴簿查看器】窗口，如图6-43所示。

步骤2 单击【编辑】菜单→【删除】命令或按〈Delete〉键，弹出警告对话框，如图6-45所示。

图 6-44 【另存为】对话框

步骤二 单击【是】按钮。

图 6-45 【清除剪贴板内容】对话框

6.8 上机练习

1. 计算二进制数 10101 加 1011001。

2. 请打开【计算器】应用程序，利用科学型模式计算 6 的 6 次方。

3. 请打开【计算器】应用程序，并计算 sin45°。

4. 利用【开始】菜单打开【计算器】应用程序，并将十进制 123 转换成二进制数（利用键盘输入数字）。

5. 请打开【计算器】应用程序，利用科学型模式，计算半径为 4 的圆的周长。

6. 在【记事本】中查找"考试顺利通过"并全部换成"考试成功"。

7. 打开桌面上的"天宇简介.txt"，将记事本中的内容全部清除。

8. 请打开 C 盘的记事本文件"计算机的历史与发展.txt"，完成下列操作：

（1）在标题后加入当前的日期与时间。

（2）将第一自然段移动到最后，成为第四自然段。

（3）将文件另存为 C 盘根目录下，文件名为"计算机更新"。

9. 利用【开始】菜单打开【通讯簿】，查看【通讯簿】中王雪的详细资料。

10. 增加一个"学校"组，在"学校"组中增加一个名叫"李四"的资料。

11. 在【通讯簿】中利用工具栏按钮增加一个"同学"文件夹，在"同学"文件夹中，建立组名为"小学同学"，并返回工作界面。

12. 通过【运行】对话框，打开【剪贴板】。

13. 通过运行命令查看当前剪贴板上的内容，并将它保存到 C 盘，文件名为"123"。

14. 将当前剪贴板上的内容存为文件，保存在【我的文档】目录下，文件名为"aaa"。

15. 将 Windows XP 初始化界面放入【剪贴板】中，然后粘贴到【写字板】。

16. 在桌面上有打开的【写字板】窗口，请对其中的活动窗口图片进行复制操作。

17. 请在已经打开的【画图】窗口中，将天蓝色圆角矩形修改成"如图所示："文件显示的形状。需要精确变化图形时请使用 30 这个数值。

18. 桌面上打开的【画图】窗口中有一束花，请将花朵放大为原来的 2 倍。

19. 在【画图】程序中将图片居中作为桌面背景，最小化窗口查看桌面背景是否设置成功。

20. 请在打开的【画图】窗口工作区中央画一个圆和一个正方形，然后将它们填充为粉红色。

21. 请选择辅助工具【屏幕键盘】，将其设置为增强型键盘 106 键。

22. 利用桌面键盘，在当前文本中输入大写的 ABCDEF。

23. （1）请打开辅助工具【放大镜】。

（2）将桌面上【显示属性】对话框的屏幕分辨率栏中的"800×600"放大 2 倍。

24. 请利用【开始】菜单打开【放大镜】，做如下设置：将"放大倍数"改为 4，在【跟踪】中选择"跟随鼠标指针"，在【外观】中选择"显示放大镜"，然后将【任务栏和'开始'菜单属性】对话框的"分组相似任务栏按钮"放大。

25. 利用【开始】菜单打开【写字板】，然后依次调出"格式栏"和"标尺"。

26. 在【写字板】中，设置页面为横向，并打印预览。

27. 在【写字板】程序中设置文本按窗口大小自动换行。

28. 在【写字板】中，将所有"如果"全部替换为"假如"，最后关闭【替换】对话框。

29. 桌面上有打开的【写字板】窗口，请在文档标题下的光标处插入系统时间，格式为"下午1：22：57"，然后将文档以纯文本类型保存在【我的文档】中，文件名不变。

30. 在当前窗口中新建一个文本文档，并输入：长春金天宇文化传播有限责任公司。

31. 选中当前窗口中的所有文字，设置选中字格式为：隶书、斜体，并查看效果。

上机操作提示（具体操作详见随书光盘中【手把手教学】第 6 章 01~31 题）

1. 步骤1 选中【二进制】单选按钮。

步骤2 依次单击【1】、【0】、【1】、【0】、【1】、【+】、【1】、【0】、【1】、【1】、【0】、【0】、【1】、【=】按钮。

2. 步骤1 单击【6】按钮。

步骤2 单击【x^y】按钮。

步骤3 单击【6】按钮。

步骤 单击【=】按钮。

3. **步骤一** 双击桌面上的【计算器】图标，打开【计算器】窗口。

步骤二 单击【查看】菜单→【科学型】命令，在文本框中输入"45"。

步骤 单击【sin】按钮。

4. **步骤一** 单击【开始】菜单→【所有程序】→【附件】→【计算器】命令，打开【计算器】窗口。

步骤二 单击【查看】菜单→【科学型】命令，在文本框中输入"123"，选中【二进制】单选按钮。

5. **步骤一** 单击【开始】菜单→【所有程序】→【附件】→【计算器】命令，打开【计算器】窗口。

步骤二 单击【查看】菜单→【科学型】命令。

步骤 依次单击【2】、【*】、【pi】、【*】、【4】、【=】按钮。

6. **步骤一** 单击【编辑】菜单→【替换】命令，打开【替换】对话框。

步骤二 在【查找内容】文本框中输入"考试顺利通过"，在【替换为】文本框中输入"考试成功"。

步骤 单击【全部替换】按钮。

7. **步骤一** 双击桌面上的【天宇简介.txt】文件，打开【天宇简介.txt - 记事本】窗口。

步骤二 单击【编辑】菜单→【全选】命令。

步骤 单击【编辑】菜单→【删除】命令。

8. **步骤一** 单击【文件】菜单→【打开】命令，出现【打开】对话框。

步骤二 双击【本地磁盘（C:）】图标。

步骤 双击【计算机的历史与发展.txt】文件。

步骤 单击标题后空白处，单击【编辑】菜单→【时间/日期】命令。

步骤 选中第一段文字，单击【编辑】菜单→【剪切】命令。

步骤 单击第三段文字下方空白处，单击【编辑】菜单→【粘贴】命令。

步骤 单击【文件】菜单→【另存为】命令，打开【另存为】对话框。

步骤 在【文件名】文本框中输入"计算机更新"，单击【保存】按钮。

9. **步骤一** 单击【开始】菜单→【所有程序】→【附件】→【通讯簿】命令，打开【通讯簿】窗口。

步骤二 双击【王雪】选项。

10. **步骤一** 单击【文件】菜单→【新建组】命令，打开【属性】对话框。

步骤二 单击【新建联系人】按钮，打开【属性】对话框。

步骤 在【姓】文本框中输入"李"，在【名】文本框中输入"四"。

步骤 单击【确定】按钮，返回【属性】对话框。

步骤 在【组名】文本框中输入"学校"。

步骤 单击【确定】按钮，单击工作区内空白处。

11. **步骤一** 单击工具栏上的【新建】按钮，在弹出的菜单中选择【新建文件夹】命令，打开【属性】对话框。

步骤2 在【文件夹名】文本框中输入"同学"。

步骤3 单击【确定】按钮，单击【文件】菜单→【新建组】命令，打开【属性】对话框。

步骤4 在【组名】文本框中输入"小学同学"。

步骤5 单击【确定】按钮，单击工作区内空白处。

12. **步骤1** 单击【开始】菜单→【运行】命令，打开【运行】对话框。

步骤2 在【打开】文本框中输入"clipbrd"。

步骤3 单击【确定】按钮。

13. **步骤1** 单击【开始】菜单→【运行】命令，打开【运行】对话框。

步骤2 在【打开】文本框中输入"clipbrd"。

步骤3 单击【确定】按钮。

步骤4 单击【文件】菜单→【另存为】命令，打开【另存为】对话框。

步骤5 单击【保存在】下拉式列表框，选择【本地磁盘（C:）】。

步骤6 在【文件名】文本框中输入"123"，单击【保存】按钮。

14. **步骤1** 单击【文件】菜单→【另存为】命令，打开【另存为】对话框。

步骤2 在【文件名】文本框中输入"aaa"，单击【保存】按钮。

15. **步骤1** 按快捷键〈Print Screen SysRq〉。

步骤2 单击【开始】菜单→【运行】命令，打开【运行】对话框。

步骤3 在【打开】文本框中输入"wordpad"，单击【确定】按钮。

步骤4 单击【编辑】菜单→【粘贴】命令。

16. **步骤1** 选中【写字板】中的【图片】。

步骤2 单击【编辑】菜单→【复制】命令。

17. **步骤1** 单击任务栏上的【如图所示：.bmp –...】图标。

步骤2 单击任务栏上的【矩形.bmp–画图】图标。

步骤3 单击【图像】菜单→【拉伸/扭曲】命令，打开【拉伸/扭曲】对话框。

步骤4 在【扭曲】设置区中的【水平】文本框中输入"30"，在【扭曲】设置区中【垂直】文本框中输入"30"。

步骤5 单击【确定】按钮。

18. **步骤1** 单击【画图】工具箱中的【放大镜】选项。

步骤2 单击【画图】工具箱中的【2x.】选项。

19. **步骤1** 单击【文件】菜单→【设置为墙纸（居中）】命令，打开【画图】窗口。

步骤2 单击【确定】按钮。

步骤3 单击标题栏上的【最小化】按钮。

20. **步骤1** 单击【画图】工具箱中的【椭圆】选项。

步骤2 按住〈Shift〉键，同时在绘制区内拖动鼠标绘制一个【椭圆】图形。

步骤3 单击【画图】工具箱中的【矩形】选项。

按住〈Shift〉键，同时在绘制区内拖动鼠标绘制一个【矩形】图形。

单击【画图】工具箱中的【用颜色填充】选项。

单击【颜料盒】中的【粉红色】选项。

单击绘制区中的【圆形】图形。

单击绘制区中的【矩形】图形。

21. 单击【开始】菜单→【所有程序】→【附件】→【辅助工具】→【屏幕键盘】命令，打开【屏幕键盘】对话框。

单击【键盘】→【增强型键盘】命令。

单击【键盘】→【106 键】命令。

22. 单击【开始】菜单→【所有程序】→【附件】→【辅助工具】→【屏幕键盘】命令，打开【屏幕键盘】对话框。

单击【记事本】。

单击【屏幕键盘】上的【lock】键。

依次单击【屏幕键盘】上的【A】、【B】、【C】、【D】、【E】、【F】键。

23. 单击【开始】菜单→【所有程序】→【附件】→【辅助工具】→【放大镜】命令，打开【放大镜设置】对话框。

右键单击桌面空白处，在弹出的快捷菜单中选择【属性】，打开【显示 属性】对话框。

单击【设置】选项卡，单击【800×600 像素】。

24. 单击【开始】菜单→【所有程序】→【附件】→【辅助工具】→【放大镜】命令，打开【放大镜设置】对话框。

单击【放大倍数】列表框，在弹出的列表中选择【4】，选中【跟随鼠标指针】复选框，选中【显示放大镜】复选框。

将鼠标指针移至【分组相似任务栏按钮】复选框处。

25. 单击【开始】菜单→【所有程序】→【附件】→【写字板】命令，打开【文档 – 写字板】窗口。

单击【查看】菜单→【格式栏】命令。单击【查看】菜单→【标尺】命令。

26. 单击【文件】菜单→【页面设置】命令，打开【页面设置】对话框。

选中【横向】单选按钮，单击【确定】按钮。

单击工具栏中的【打印预览】按钮。

27. 单击【查看】菜单→【选项】命令，打开【选项】对话框。

单击【多信息文本】选项卡，选中【按窗口大小自动换行】单选按钮。

单击【确定】按钮。

28. 单击【编辑】菜单→【替换】命令，打开【替换】对话框。

在【查找内容】文本框中输入"如果"，在【替换为】文本框中输入"假如"。

单击【全部替换】按钮。

单击【取消】按钮。

29. **步骤一** 单击【插入】菜单→【日期和时间】命令，打开【日期和时间】对话框。

步骤二 单击【可用格式】列表框中的【下午 1：19：37】，单击【确定】按钮。

步骤三 单击【文件】菜单→【保存】命令，打开【保存为】对话框。

步骤四 单击【保存类型】列表框，在弹出的列表中选择【文本文档】单击【保存】按钮。

30. **步骤一** 单击【文件】菜单→【新建】命令，在文本框中输入"长春金天宇文化传播有限责任公司"。

31. **步骤一** 单击【编辑】菜单→【全选】命令。

步骤二 单击【格式】菜单→【字体】命令，打开【字体】对话框。

步骤三 单击【字体】列表框中的【隶书】，单击【字形】列表中的【斜体】。

步骤四 单击【确定】按钮，单击编辑区空白处。

第7章　多媒体娱乐

媒体是人与人之间实现信息交流的中介，是信息的载体，也称为媒介。多媒体，可以理解为直接作用于人感官的文字、图形、图像、动画、声音和视频等各种媒体的统称，即多种信息载体的表现形式和传递方式。

7.1　Windows Media Player 的使用

Windows XP 中提供了一个通用的多媒体播放器 Windows Media Player，利用它可以播放 CD 唱盘、WAV、MIDI 等音频文件。

7.1.1　用 Windows Media Player 播放音乐

Windows Media Player，是微软公司出品的一款免费播放器，是 Windows 的一个组件，通常简称"WMP"。

（1）用 Windows Media Player 播放音乐文件，具体操作步骤如下：

步骤1 单击【开始】菜单→【所有程序】→【Windows Media Player】命令，可启动 Windows Media Player，如图 7-1 所示。

步骤2 单击【文件】菜单→【打开】命令，出现【打开】对话框，如图 7-2 所示。

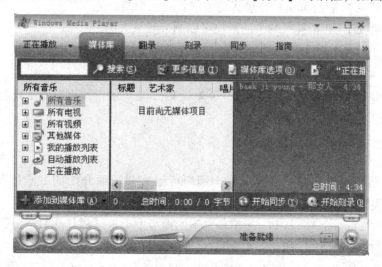

图 7-1　启动播放器

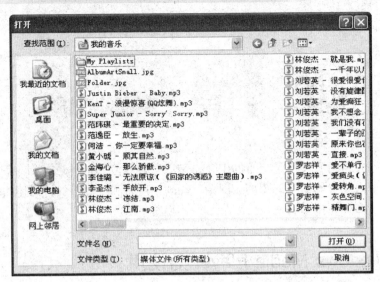

图 7-2 【打开】对话框

步骤3 选择要播放的歌曲（可按住〈Ctrl〉键的同时依次单击选择多个音频文件），然后单击【打开】按钮，这时所选的音频文件会被添加到 Windows Media Player 右侧的【正在播放】列表中，并自动播放。

步骤4 单击播放器左侧的【正在播放】项，可看到正在播放的歌曲，双击播放器右侧的播放列表中的音频文件可切换文件播放。

（2）Windows Media Player 播放器窗口底部的面板用于播放控制，面板中各按钮的功能和使用方法如下：

- 单击【暂停】按钮，将暂停正在播放的歌曲，此时【暂停】按钮将变为【播放】按钮，再次单击该按钮则继续播放。
- 单击【停止】按钮，将停止播放的歌曲。
- 单击【静音】按钮，将在静音与非静音之间切换。
- 拖动【音量】按钮中的滑块可以调节音量大小。
- 单击【上一个】按钮，将切换到上一首歌曲。
- 单击【下一个】按钮，将切换到下一首歌曲。
- 拖动【定位】条中的滑块可以控制歌曲播放进度。

7.1.2 管理音乐文件

如果计算机中保存有多个音乐文件，用户可以按照下面介绍的方法让 Windows Media Player 帮助分类整理，从而在播放时更加方便，具体操作步骤如下：

步骤1 在 Windows Media Player 窗口左侧的面板中单击【媒体库】，如图 7-1 所示。如果是第一次单击【媒体库】的话，系统将询问用户是否搜索计算机中的媒体。

步骤2 如果计算机中的文件较多，搜索全部文件将会耗费很长时间，因此，通常单击【否】按钮。

 单击窗口左下方的【添加】按钮，在弹出的列表中单击【添加文件夹】命令，打开【添加文件夹】对话框，如图7-3所示。

图7-3 【添加文件夹】对话框

 在【添加文件夹】对话框中选择存放音乐文件的文件夹，然后单击【确定】按钮，系统开始对所选文件夹进行搜索，搜索结束后，在打开的对话框中单击【关闭】按钮。

 此时，Windows Media Player 会自动将搜索到的音乐文件进行分类整理。

7.1.3 创建和使用播放列表

在使用 Windows Media Player 或其他音乐播放器时，可以将自己喜欢的音乐进行分类，方便以后播放，还可以自己手动创建分类列表。

如果要创建播放列表，具体操作步骤如下：

 单击【媒体库】按钮，然后单击【播放列表】按钮，在弹出的列表中单击【新建播放列表】。

 打开【新建播放列表】对话框，在【播放列表名称】文本框中输入播放列表名称，如【我喜欢的音乐】，在左侧的音乐列表中单击音乐分类名称，展开其内容，然后依次单击歌曲名称，将其添加到播放列表中。

 设置结束后单击【确定】按钮，返回 Windows Media Player 窗口，新建的播放列表将出现在【我的播放列表】类别中。

 选中播放列表，然后单击播放器下方的 按钮或直接双击播放列表，系统将按顺序播放【播放列表】中的歌曲。

 如果希望重新编辑播放列表中的内容，或者对播放列表进行排序、重命名等，可以右键单击播放列表名称，在弹出的快捷菜单中选择相应选项。

7.1.4 使用 Windows Media Player 播放影片

利用 Windows Media Player 播放影片，具体操作步骤如下：

将 VCD 盘片放入光驱，系统会自动打开光盘浏览窗口，双击文件夹列表中的 MPEGAV 文件夹，打开视频文件列表。

双击文件列表的某个 DAT 文件，打开提示对话框，单击【打开方式】按钮，打开【Windows】对话框。

选中【从列表中选择程序】单选框，单击【确定】按钮。

在【程序】列表中单击【Windows Media Player】命令，选中【始终使用选择的程序打开这种文件】复选框，然后单击【确定】按钮，开始播放视频文件。

7.2 影像处理软件 Windows Movie Maker 的使用

Windows Movie Maker 包含数字影视制作技术、数字影视的基本概念及基本操作，也是学习其他影像处理专业软件的基础。

7.2.1 影视制作基本操作界面

如果要启动 Windows Movie Maker 操作界面，具体操作步骤如下：

单击【开始】菜单→【所有程序】→【Windows Movie Maker】命令，打开【Windows Movie Maker】操作界面，如图 7-4 所示。

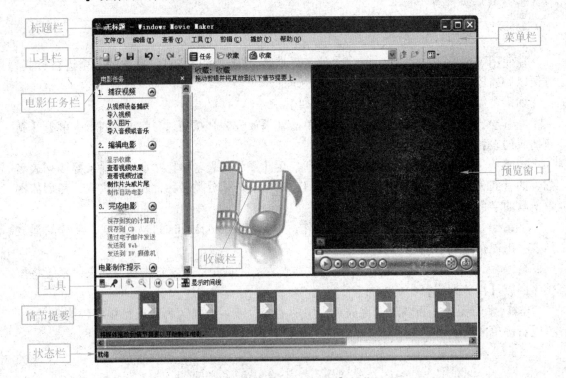

图 7-4 【Windows Movie Maker】操作界面

Windows Movie Maker 的工作界面由【标题栏】、【菜单栏】、【工具栏】、【电影任务栏】、【收藏栏】、【预览窗口】、【工具】、【情节提要/时间线】和【状态栏】等组成，如图 7-4 所示。

其中最主要的是【情节提要/时间线】的【视频】、【过渡】、【音频】、【音频/音乐】、【片头重叠】5 个轨道。导入的视频、音频或音乐片断，在这里进行剪辑、合成、过渡制作、效果制作与字幕制作，最后发布为电影。

7.2.2 导入现有数字媒体文件

对于已经保存在计算机中的影像文件，必须先导入【Windows Movie Maker】，才可进行剪辑制作，单击【文件】菜单→【导入到收藏】命令，打开【导入文件】对话框，如图 7-5 所示，可根据需要选择选项，然后单击【导入】按钮。

图 7-5 打开【导入文件】对话框

也可根据要导入的数字媒体文件类型，选择下列操作：

● 在【电影任务】窗格中的【捕获视频】列表中，单击【导入视频】超链接。
● 在【电影任务】窗格中的【捕获视频】列表中，单击【导入图片】超链接。
● 在【电影任务】窗格中的【捕获视频】列表中，单击【导入音频或音乐】超链接。

打开【导入文件】对话框，在【文件名】文本框中输入要导入文件的路径和文件名，然后单击【导入】按钮。

如果在导入过程中需要将选定的视频文件拆分为较小的剪辑，选中【为视频文件创建剪辑】复选框。

7.2.3 不同视频文件格式的创建方式

Windows Media 格式视频文件的扩展名为 .asf 或 .wmv，根据原始文件中的每个标记创建一个剪辑。

- 如果导入扩展名为 .mpeg 的视频文件，会在视频帧之间有显著变化时创建一个剪辑。
- 如果导入 DV 摄像机的 .avi 文件，根据该文件中的时间戳信息来创建剪辑。
- 如果在导入视频文件时未选中【为视频文件创建剪辑】复选框，则该视频文件在 Windows Movie Maker 中只显示为一个剪辑。

7.2.4 编辑项目

（1）要开始建立一个项目和制作电影，需要将导入或捕获的视频、音频或图片添加到【情节提要/时间线】。如果没有出现【情节提要/时间线】，可通过【查看】菜单选择【情节提要】，如图 7-6 所示。

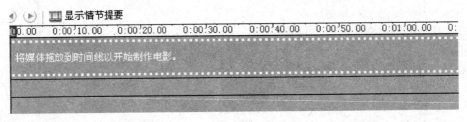

图 7-6 【情节提要/时间线】

（2）可以使用【情节提要/时间线】来创建和编辑项目。

（3）使用【情节提要/时间线】来创建和编辑项目，【情节提要】显示剪辑的排列顺序，【时间线】显示剪辑的计时信息。

（4）处理项目时，可以在【情节提要】和【时间线】间切换。

（5）在将剪辑添加到【情节提要/时间线】并创建项目后，选择下列操作：

- 根据需要的顺序重新排列剪辑。
- 在剪辑之间创建视频过渡。
- 为视频剪辑和图片添加视频效果。
- 对剪辑进行剪裁，隐藏多余的部分（只能在时间线视图上进行）。
- 对剪辑进行拆分和合并。
- 添加与剪辑同步的旁白（只能在时间线视图上进行）。

（6）在处理项目过程中，可随时在监视器中预览项目以查看最终效果。

7.2.5 在项目中添加与删除剪辑

1. 在项目中添加剪辑

- 在【收藏】窗口中，单击要添加到项目中的剪辑，然后在【内容】窗口中，单击需要添加的剪辑。

- 单击【剪辑】菜单，根据要求，单击【添加到情节提要】或【添加到时间线】。

2. 在项目中删除剪辑

在【情节提要/时间线】中单击该剪辑，单击【编辑】菜单→【删除】命令，或在插入的剪辑上单击鼠标右键，在弹出的快捷菜单中选择【删除】。

7.2.6 放大和缩小

（1）在时间线上编辑内容时，可以通过放大或缩小时间线来改变内容的详细程度。通过放大时间线，以更短的间隔显示时间，看到项目的更多细节。相反，通过缩小时间线，以更长的间隔显示时间，看到整个时间线及其内容。

单击【查看】菜单→【时间线】命令，可根据需要选择下列操作之一：

- 要查看更详细的内容，单击【查看】菜单→【放大】命令。
- 要粗略查看内容，单击【查看】菜单→【缩小】命令。

（2）要使用自动电影，必须满足以下条件：

- 必须在【收藏】窗口中选定一个收藏或在【内容】窗口中选定多个剪辑。
- 当前的选择必须包含总持续时间至少为 30 秒的视频或图片。
- 每个图片的持续时间为 6 秒。
- 音频剪辑至少为 30 秒。

7.2.7 视频过渡、视频效果和片头

在电影中添加不同元素，如图 7-7 所示来增强影视效果：

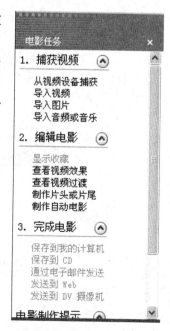

- 视频过渡：控制电影如何从播放一段剪辑或一张图片过渡到播放下一段剪辑或下一张图片。在【情节提要/时间线】的两张图片、两段剪辑或两组片头之间以任意的组合方式添加过渡。过渡在一段剪辑刚结束，而另一段剪辑开始播放时进行播放。Windows Movie Maker 含有多种过渡方式。

- 视频效果：决定视频剪辑、图片或片头在项目及最终电影中的显示方式，通过视频效果将特殊效果添加到电影中。

- 片头和片尾：通过使用片头和片尾，向电影添加基于文本的信息来增强其效果。

1. 添加视频过渡

在【情节提要/时间线】上，选择添加过渡的两段视频剪辑或两张图片中的第二段剪辑或第二张图片，选择下列操作之一：

- 单击【工具】菜单→【视频过渡】命令。
- 在【电影任务】窗格中的【编辑电影】列表中，单击

图 7-7 【编辑电影】的元素

【查看视频过渡】超链接，如图7-7所示。

- 在【内容】窗格中，单击要添加的视频过渡。
- 单击【剪辑】菜单→【添加到时间线】命令或单击【剪辑】菜单→【添加到情节提要】命令。

2. 删除视频过渡

- 在【情节提要】上，要删除的过渡单元格上单击鼠标右键，在弹出的快捷菜单中单击【删除】命令。
- 在【时间线】上的【过渡】轨上右键单击要删除的过渡，在弹出的快捷菜单中单击【删除】命令。
- 单击【编辑】菜单→【删除】命令。

3. 使用视频效果

（1）在电影中视频剪辑、图片或片头的整个显示过程都可以应用视频效果。拆分、剪切、复制或移动视频剪辑或图片时，视频效果保持不变。但是如果合并两段视频剪辑，则第一段剪辑中使用的相关视频效果将应用到新合并的剪辑中，而第二段剪辑中使用的相关视频效果将被删除。

（2）添加视频效果

在【情节提要/时间线】上，选择要添加视频效果的视频剪辑或图片，具体操作方法如下：

方法1

单击【工具】菜单→【视频效果】命令，打开【视频效果】页面，如图7-8所示。

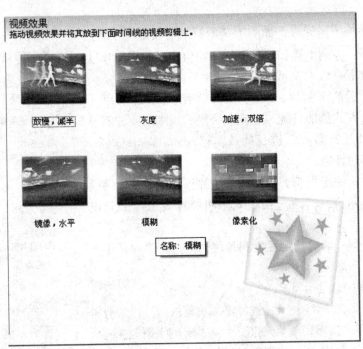

图7-8 【视频效果】页面

步骤 2 拖动视频效果并将其放到【情节提要】的视频剪辑上。

方法 2

步骤 1 单击【编辑电影】下的【查看视频效果】超链接，打开【视频效果】页面。

步骤 2 拖动视频效果并将其放到以下【情节提要】的视频剪辑上。

方法 3

在打开的【视频效果】页面中，单击【剪辑】菜单→【添加到时间线】命令或单击【剪辑】菜单→【添加到情节提要】命令，即可完成【视频效果】的添加。

（3）删除视频效果，具体操作方法如下：

方法 1

在【情节提要/时间线】中要删除视频效果的视频剪辑或图片上单击鼠标右键，在弹出的快捷菜单中单击【删除】命令。

方法 2

步骤 1 单击【剪辑】菜单→【视频】→【视频效果】命令，打开【添加或删除视频效果】对话框，如图 7-9 所示。

步骤 2 在【显示效果】列表中选择要删除的效果，单击【删除】按钮。

图 7-9　打开【添加或删除视频效果】对话框

（4）更改视频效果：利用【添加或删除视频效果】对话框可以更改时间线【视频】轨上选定的数字媒体剪辑的视频效果，也可更改情节提要上选定的视频剪辑、图片或片头的视频效果。

- 可用效果：列出可以添加到选定的视频、图片或片头的视频效果。
- 添加：将视频效果添加到当前选定的视频、图片或片头上。
- 显示效果：列出添加到当前选定的视频、图片或片头的视频效果。
- 上移：在列表中上移视频效果。
- 下移：在列表中下移视频效果。
- 删除：删除【显示效果】框中的选定视频效果。

4. 添加片头和片尾

步骤 1 在【工具】菜单中单击【片头和片尾】或者在【电影任务】窗格中选择【编辑电影】，然后单击【制作片头或片尾】。

步骤二 在【要将片头添加到何处？】界面，根据要添加片头的位置单击其中一个超链接，如图7-10所示。

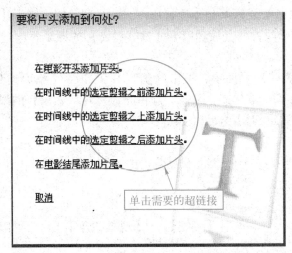

图7-10 选择一种超链接

步骤三 在【输入片头文本】编辑框中输入片头要显示的文本。

步骤四 单击【更改片头动画效果】超链接，在【选择片头动画】列表框中选择片头动画效果，如图7-11所示。

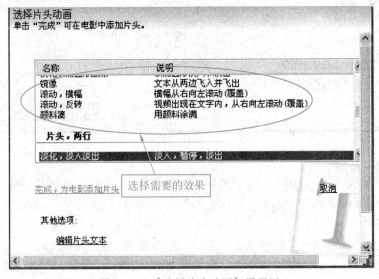

图7-11 【选择片头动画】设置区

步骤五 单击【更改文本字体和颜色】超链接，在【选择片头字体和颜色】设置区中设置片头的字体、字体颜色、格式、背景颜色、透明度、字体大小和位置，如图7-12所示。

步骤六 单击【完成，为电影添加片头】超链接。

5. 保存和发送电影

使用【保存电影向导】保存电影，如图7-13所示，或者以电子邮件附件的形式发送给朋友。此外，还可以选择将电影录制到光盘、U盘或其他移动设备上。

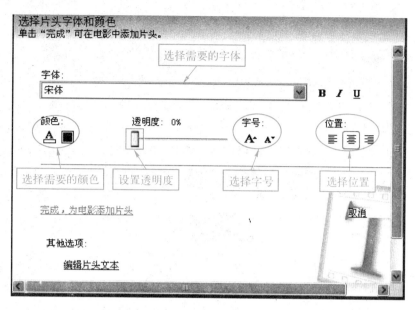

图7-12 【选择片头字体和颜色】设置区

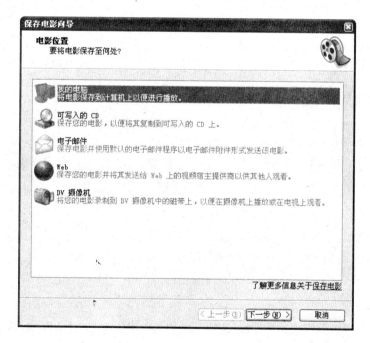

图7-13 【保存电影向导】对话框

7.3 录制声音

用户可以使用Windows XP中的【录音机】程序录制声音，以及对声音进行一些增大、减小、删除等处理。录音前，需要将麦克风插入主机的麦克风插孔。

7.3.1 用【录音机】录制声音

如果要用【录音机】录制声音，具体操作步骤如下：

步骤1 单击【开始】菜单→【所有程序】→【附件】→【娱乐】→【录音机】命令，打开 Windows 中自带的录音机程序。如果没有这一项，可以通过【控制面板】中的【添加\删除程序】来安装录音程序。启动【录音机】程序，如图 7-14 所示。

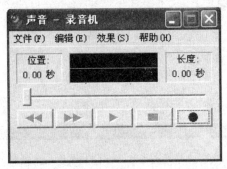

图 7-14 【录音机】窗口

步骤2 双击任务栏中的音量控制图标 ，打开【音量控制】面板。将【线路输入】和【麦克风】音量调到最大，设置完成后，关闭【音量控制】面板，如图 7-15 所示。

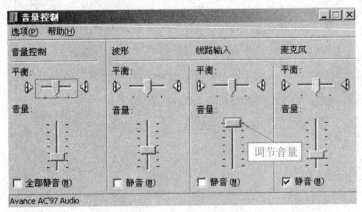

图 7-15 【音量控制】面板

步骤3 在录音机面板中单击 ● 按钮开始录音，此时将在对话框中显示声音波形，在 Windows XP 的录音机默认情况下只能录 60 秒的声音，如果要录制超过 60 秒的声音，可在滑块到最右端后，单击 ● 按钮继续录音。录音结束后单击 ■ 按钮，停止录音。如要预览录制的声音，可单击 ► 按钮。

7.3.2 编辑录制的声音

利用【录音机】录制的声音，用户可以设置它的音量，使声音加速或减速，为声音添加回音或反转声音，具体操作步骤如下：

步骤1 启动【录音机】程序，单击【文件】菜单→【打开】命令，出现【打开】对话框，如图7-16所示。在对话框中选择要编辑的声音文件，单击【打开】按钮。

图7-16 【打开】对话框

步骤2 如果要增大、降低音量，使声音加速或减速，为声音添加回音或反转声音，单击【效果】菜单中的相应菜单项即可实现其操作，如图7-17所示。

步骤3 如果希望在当前文件中插入其他声音文件组成混音，可单击【编辑】菜单→【与文件混音】命令，如图7-18所示，打开【混入文件】对话框，如图7-19所示。

步骤4 在【混入文件】对话框中选择要插入的声音文件，单击【打开】按钮，即可将该文件与先前打开的文件混合。

步骤5 如要删除声音头部的某一段声音，可在播放到要删除声音的末端时，暂停播放，然后单击【编辑】菜单→【删除当前位置以前的内容】命令。要删除声音尾部的某一段声音，可在播放到要删除声音的始端时，暂停播放，然后单击【编辑】菜单→【删除当前位置以后的内容】命令。

步骤6 编辑完成后，如要保存声音，单击【文件】菜单→【保存】命令。被保存的文件只能保存为wav格式。

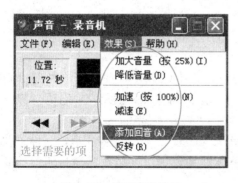

图7-17 设置声音效果

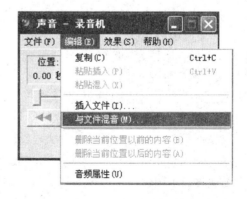

图7-18 与文件混音

图7-19　【混入文件】对话框

7.4　上机练习

1. 打开【录音机】，从【录音机】中打开 C 盘【WAV】文件夹下的波形文件"share.wav"，复制到写字板中并播放一次，并在图标下输入文字："这个还不错"，再保存到 E 盘根目录下，名为"分享.doc"。

2. 请利用【开始】菜单打开【录音机】窗口，在【录音机】窗口打开【我的音乐】文件夹中的"江苏民歌.wav"文件，将其复制后，在同一个【录音机】窗口打开【我的音乐】文件夹中的"荷塘月色朗诵.wav"，将刚刚复制的文件"粘贴混入"，最后将混入其他声音的"荷塘月色朗诵.wav"声音文件保存到 E 盘根目录下，文件名为"配乐诗朗诵 – 荷塘月色.wav"，要求保存为【电话质量】。

3. 请利用【开始】菜单打开【录音机】窗口，利用【录音机】录制长度为120秒的一段音乐，然后将该声音文件保存到 C 盘根目录下，文件名为"Happy.wav"，要求格式为"IMA ADPCM"，属性为"8.000 kHz，4 位，立体声 7KB/秒"保存该格式名称为"IMA"（麦克已安装调试好）。

4. 通过【开始】菜单打开【录音机】程序，打开【我的文档】中的"湖南岳阳曲"，播放一次，再在其后插入"粤曲"，从头播放一次，最后另存在桌面上，命名为"湖 – 粤合曲"。

5. 在当前窗口中打开 C 盘根目录下"龙的传人.mp3"文件，先停止播放，设置"正在播放"选项为显示标题和显示播放列表，然后将歌曲播放一遍（请按照题目所给的顺序操作）。

6. 请利用【开始】菜单打开【录音机】窗口，利用【录音机】打开"沂蒙山小调.wav"波形文件，删除该文件76.37秒以后的内容，然后将该声音文件保存到E盘根目录下，文件名为"沂蒙风光好.wav"，要求保存为【电话质量】，格式为PCM，属性为"11.025kHz，16位，单声道21KB/秒"。

7. 请利用【开始】菜单打开【Windows Movie Maker】窗口，在窗口中打开当前目录中的【大雄兔.MSWMM】项目文件，为电影开头添加片头，片头文字为"大雄兔的故事"，字体为华文新魏，颜色为天蓝色。文字效果为"片头，两行"中的"淡化，淡入淡出"。操作完毕将文档保存为电影文件，保存位置为【我的视频】文件夹，文件名为"大雄兔的故事"，其他选项默认。

8. 请在【Windows Movie Maker】窗口中打开C盘根目录下【视频项目】文件夹中的【大雄兔.MSWMM】项目文件，在剪辑1和2之间加入"蝴蝶结，水平"视频过渡，剪辑2和3之间加入"矩形"视频过渡，操作完毕将文档保存为电影文件，保存位置为【我的视频】文件夹，文件名为"大雄兔与蜻蜓"，其他选项默认。

9. 请利用【开始】菜单打开【Windows Movie Maker】窗口，将C盘根目录下的avi文件导入其收藏夹中，并将"超级英雄蜻蜓侠001"和"超级英雄蜻蜓侠002"依次添加到【情节提要】中，为【情景提要】中的"超级英雄蜻蜓侠001"添加"加速，双倍"的视频效果，为"超级英雄蜻蜓侠002"添加"镜像，水平"的视频效果。操作完毕将文档保存到C盘根目录下"视频项目"文件夹中，文件名为"超级英雄蜻蜓侠.MSWMM"。

10. 在【Windows Media Player】中创建一个播放列表"MyList"，添加民族音乐中的"阿里山"，流行音乐下的"遗失的美好"以及经典音乐中的"梁祝"（请按顺序操作）。

11. 在打开的【Windows Movie maker】窗口，将"新加卷（E:）\网络\图片"一次全部导入，并按香山红叶、辣椒的顺序将前两个图片添加到【情景提要】中，操作完成后将文档保存到E:\Outlook Express，文件名为"网络风光.MSWMM"。

12. 将【所有程序】中的Windows Movie Maker 2.6程序附加到【开始】菜单中。

13. 设置计划，使每天12：37自动执行【录音机】程序，用户密码为123456。

上机操作提示（具体操作详见随书光盘中【手把手教学】第7章01～13题）

1. 步骤1 单击【开始】菜单→【所有程序】→【附件】→【娱乐】→【录音机】命令，打开【声音－录音机】窗口。

步骤2 单击【文件】菜单→【打开】命令，打开【打开】对话框。

步骤3 双击【WAV】文件夹。

步骤4 双击【share.wav】文件。

步骤5 单击【编辑】菜单→【复制】命令，打开【share.wav－录音机】对话框。

步骤6 单击【任务栏】上的【文档－写字板】，单击【编辑】菜单→【粘贴】命令。

步骤7 单击【编辑】菜单→【录音机文档对象】→【播放】命令，单击编辑区内任意位置，按〈Enter〉键。

步骤8 在文本框中输入"这个还不错"，单击【文件】菜单→【保存】命令或按〈Ctrl＋S〉键，打开【保存为】对话框。

步骤9 单击【保存在】下拉列表框，选择【我的电脑】，双击【本地磁盘（E:）】。

步骤10 在【文件名】文本框中输入"分享.doc"。

步骤1 单击【保存】按钮。

2. 步骤1 单击【开始】菜单→【所有程序】→【附件】→【娱乐】→【录音机】命令，打开【声音－录音机】窗口。

步骤2 单击【文件】菜单→【打开】命令，打开【打开】对话框。

步骤3 双击【我的文档】文件夹。

步骤4 双击【我的音乐】文件夹。

步骤5 双击【江苏民歌.wav】文件。

步骤6 单击【编辑】菜单→【复制】命令或按〈Ctrl＋C〉，打开【声音－录音机】对话框。

步骤7 单击【文件】菜单→【打开】命令，打开【打开】对话框。

步骤8 双击【荷塘月色朗诵.wav】文件。

步骤9 单击【编辑】菜单→【粘贴混入】命令。

步骤10 单击【文件】菜单→【另存为】命令，打开【另存为】对话框。

步骤11 单击【保存在】下拉列表框，选择【新加卷（E:）】。

步骤12 单击【更改】按钮，在弹出的【声音选定】对话框中单击【名称】下拉列表框，选择【电话质量】。

步骤13 单击【确定】按钮，在【文件名】文本框中输入"配乐诗朗诵－荷塘月色.wav"。

步骤14 单击【保存】按钮。

3. 步骤1 单击【开始】菜单→【所有程序】→【附件】→【娱乐】→【录音机】命令，打开【声音－录音机】窗口。

步骤2 单击【录制】按钮，单击【文件】菜单→【属性】命令，打开【声音 的属性】对话框。

步骤3 单击【立即转换】按钮，单击【格式】下拉列表框，选择【IMA ADPCM】。

步骤4 单击【属性】下拉列表框，选择【8.000 kHz；4 位；立体声 7 KB/秒】。

步骤5 单击【确定】按钮。

步骤6 单击【确定】按钮，单击【文件】菜单→【保存】命令，打开【保存为】对话框。

步骤7 单击【保存在】下拉列表框，选择【本地磁盘（C:）】，在【文件名】文本框中输入"Happy"。

步骤8 单击【保存】按钮。

4. 步骤1 单击【开始】菜单→【所有程序】→【附件】→【娱乐】→【录音机】命令，打开【声音－录音机】窗口。

步骤2 单击【文件】菜单→【打开】命令，打开【打开】对话框。

步骤3 双击【湖南岳阳曲.wav】文件。

步骤4 单击【播放】按钮，单击【编辑】菜单→【插入文件】命令，双击【粤曲.wav】文件。

步骤5 单击【转到开始】按钮。

步骤6 单击【播放】按钮，单击【文件】菜单→【另存为】命令，打开【另存为】对话框。

步骤7 单击【另存为】下拉式列表框，选择【桌面】，在【文件名】文本框中输入"湖－粤合曲"。

步骤8 单击【保存】按钮。

5. **步骤1** 单击【文件】菜单→【打开】命令，打开【打开】对话框。

步骤2 单击【查找范围】列表中的【我的电脑】，双击【本地磁盘（C:）】。

步骤3 双击【龙的传人.mp3】文件。

步骤4 单击【播放/暂停】按钮。

步骤5 单击【控制器主窗口】标题栏的【更多】按钮，单击【视图】→【"正在播放"选项】→【显示标题】命令。

步骤6 单击【控制器主窗口】标题栏的【更多】按钮，单击【视图】→【"正在播放"选项】→【显示播放列表】命令。

步骤7 单击【播放/暂停】按钮。

6. **步骤1** 单击【开始】菜单→【所有程序】→【附件】→【娱乐】→【录音机】命令，打开【声音－录音机】窗口。

步骤2 单击【文件】菜单→【打开】命令，打开【打开】对话框。

步骤3 双击【沂蒙山小调.wav】文件，向右拖动滑块至"76.37"处。

步骤4 单击【编辑】菜单→【删除当前位置以后的内容】命令。

步骤5 单击【确定】按钮，单击【文件】菜单→【另存为】命令，打开【另存为】对话框。

步骤6 单击【保存在】下拉列表框，选择【本地磁盘（E:）】，在【文件名】文本框中输入"沂蒙风光好.wav"。

步骤7 单击【更改】按钮，单击【名称】下拉列表框，选择【电话质量】。

步骤8 单击【确定】按钮。

步骤9 单击【保存】按钮。

7. **步骤1** 单击【开始】菜单→【所有程序】→【附件】→【Windows Movie Maker】命令，打开【无标题－Windows Movie Maker】窗口。

步骤2 单击【文件】菜单→【打开项目】命令，打开【打开项目】对话框。

步骤3 双击【大雄兔.MSWMM】文件，单击【工具】菜单→【片头和片尾】命令。

步骤4 单击【2. 编辑电影】下的【制作片头或片尾】。

步骤5 单击【电影开头添加片头】，在文本框中输入"大雄兔的故事"。

步骤6 单击【更改片头动画效果】，单击【名称】为【淡化，淡入淡出】，向下拖动滚动条。

步骤7 单击【更改文本字体和颜色】，单击【字体】下拉列表框，选择【华文新魏】。

步骤8 单击【更改背景颜色】按钮，选择【天蓝色】。

步骤9 单击【确定】按钮，单击【完成，为电影添加片头】。

步骤10 单击【文件】菜单→【保存电影文件】命令，打开【保存电影向导】对话框。

步骤11 单击【下一步】按钮，在【为所保存的电影输入文件名】文本框中输入"大雄兔的故事"。

步骤12 单击【选择保存电影的位置】下拉列表框，选择【我的视频】。

步骤13 单击【下一步】按钮。

步骤14 单击【下一步】按钮。

步骤15 单击【完成】按钮。

8. 步骤1 单击【文件】菜单→【打开项目】命令，打开【打开项目】对话框。

步骤2 双击【本地磁盘（C:）】，双击【视频项目】文件夹，双击【大雄兔.MSWMM】文件。

步骤3 单击【"剪辑1"和"剪辑2"之间的视频过渡】，单击【工具】菜单→【视频过渡】命令。

步骤4 向下拖动滚动条，单击【"蝴蝶结，水平"视频过渡类型】。

步骤5 单击【剪辑】菜单→【添加至情节提要】命令，单击【"剪辑2"和"剪辑3"之间的视频过渡】。

步骤6 向下拖动滚动条，单击【"矩形"视频过渡类型】。

步骤7 单击【剪辑】菜单→【添加至情节提要】命令，单击【文件】菜单→【保存电影文件】命令，打开【保存电影向导】对话框。

步骤8 单击【下一步】按钮，在【为所保存的电影输入文件名】文本框中输入"大雄兔与蜻蜓"。

步骤9 单击【选择保存电影的位置】下拉列表框，选择【我的视频】。

步骤10 单击【下一步】按钮。

步骤11 单击【下一步】按钮。

步骤12 单击【完成】按钮。

9. 步骤1 单击【开始】菜单→【所有程序】→【Windows Movie Maker】命令，打开【无标题－Windows Movie Maker】窗口。

步骤2 单击【文件】菜单→【导入收藏】命令，打开【导入文件】对话框。

步骤3 单击【查找范围】列表中【我的电脑】，双击【本地磁盘（C:）】图标。

步骤4 双击【超级英雄蜻蜓侠.avi】文件。

步骤5 单击【超级英雄蜻蜓侠001】，单击【剪辑】菜单→【添加至情节提要】命令。

步骤6 单击【超级英雄蜻蜓侠002】，单击【剪辑】菜单→【添加至情节提要】命令。

步骤7 单击【超级英雄蜻蜓侠001】情节提要，单击【工具】菜单→【视频效果】命令。

步骤8 向下拖动滚动条，单击【加速，双倍】，单击【剪辑】菜单→【添加至情节提要】命令。

步骤9 单击【超级英雄蜻蜓侠002】情节提要，单击【镜像，水平】，单击【剪辑】菜单→【添加至情节提要】命令。

步骤10 单击【文件】菜单→【保存项目】命令，打开【将项目另存为】对话框。

步骤11 单击【保存在】列表下的【我的电脑】，双击【本地磁盘（C:）】图标。

步骤12 双击【视频项目】文件夹，在【文件名】文本框中输入"超级英雄蜻蜓侠.MSWMM"。

步骤13 单击【保存】按钮。

10. 步骤1 单击【播放列表】菜单→【新建播放列表】命令，在【播放列表名称】文本框中输入"MyList"。

步骤2 单击【民族音乐】→【阿里山】。

步骤3 单击【流行音乐】→【遗失的美好】。

步骤4 单击【经典音乐】→【梁祝】。

步骤5 单击【确定】按钮。

11. 步骤1 单击【捕获视频】→【导入图片】命令，打开【导入文件】对话框。

步骤2 单击【查找范围】列表中的【我的电脑】，双击【新加卷（E:）】图标。

步骤3 双击【网络】文件夹，双击【图片】文件夹，按〈Ctrl+A〉键。

步骤4 单击【导入】按钮，向上拖动滚动条。

步骤5 单击左侧的【香山红叶】，单击【剪辑】菜单→【添加至情节提要】命令，向上拖动滚动条。

步骤6 单击左侧的【辣椒】，单击【剪辑】菜单→【添加至情节提要】命令。

步骤7 单击【文件】菜单→【保存项目】命令，打开【将项目另存为】对话框。

步骤8 单击【保存在】下拉列表框，选择【新加卷（E:）】。

步骤9 双击【Outlook Express】文件夹，在【文件名】文本框中输入"网络风光"。

步骤10 单击【保存】按钮。

12. 步骤1 单击【开始】菜单→【所有程序】命令。

步骤2 在【Windows Movie Maker 2.6】上单击鼠标右键，在弹出的快捷菜单中，选择【附加到「开始」菜单】命令。

13. 步骤1 单击【开始】菜单→【所有程序】→【附件】→【系统工具】→【任务计划】命令，打开【任务计划】窗口。

步骤2 双击【添加任务计划】。

步骤3 单击【下一步】按钮，向下拖动滚动条，单击"录音机"。

步骤4 单击【下一步】按钮，选中【每天】单选按钮。

步骤5 单击【下一步】按钮，在【起始时间】文本框中输入"12:37"。

步骤6 单击【下一步】按钮，单击【输入密码】文本框，在【输入密码】文本框中输入"123456"。

步骤7 单击【确认密码】文本框，在【确认密码】文本框中输入"123456"。

步骤8 单击【下一步】按钮。

步骤9 单击【完成】按钮。